特养技术 轻松致富

银狐养殖简单学

◎吴琼 苏伟林 主编

中国农业科学技术出版社

图书在版编目（CIP）数据

银狐养殖简单学／吴琼，苏伟林主编．—北京：中国农业科学技术出版社，2015.1

ISBN 978-7-5116-1042-3

Ⅰ.①银…　Ⅱ.①吴…②苏…　Ⅲ.①狐-饲养管理　Ⅳ.①S865.2

中国版本图书馆CIP数据核字（2014）第306616号

责任编辑　朱　绯　穆玉红
责任校对　贾晓红

出 版 者　中国农业科学技术出版社
北京市中关村南大街12号　邮编：100081
电　　话　(010)82106626(编辑室)　(010)82109704(发行部)
(010)82109709(读者服务部)
传　　真　(010)82106626
网　　址　http://www.castp.cn
经 销 者　各地新华书店
印 刷 者　北京富泰印刷有限责任公司
开　　本　850mm×1 168mm　1/32
印　　张　5.875
字　　数　153千字
版　　次　2015年1月第1版　2015年1月第1次印刷
定　　价　19.80元

《银狐养殖简单学》编委会

主　编：吴　琼　苏伟林

副主编：马永兴　刘汇涛　李一清

编　者（按姓氏笔画排列）：

于　淼　冯云阁　朱秋艳

刘华淼　刘学庆　邢秀梅

杨　颖　李彩虹　周建颖

荣　敏　徐佳萍　唐福全

涂剑锋　黄珊珊　鲍加荣

鞠　妍

目　　录

第一章　银狐养殖投入轻松算

一、银狐场建设

银狐场址的选择

银狐喜欢安静的环境，场址选择应尽量避开喧哗吵闹的市区，也应远离工厂和铁路。在设计银狐舍的时候应对母狐区、公狐区、妊娠期母狐区、幼狐区进行分离，有条件的可以在狐舍周围独立建设妊娠期母狐养殖场地。

狐舍的建筑结构没有太大的要求，主要是利用当地的环境，减少养殖成本，发挥出银狐的生产潜力，达到成活率高，产毛质量高的目的。银狐舍顶部用石棉瓦遮盖，防止雨季来临，淋湿银狐，也防止强烈的阳光灼伤银狐的表皮，影响成活率和皮毛质量。银狐舍四周可以用铁丝网搭建，也可以在狐舍的前后用铁丝网，左右用水泥板或者木板搭建。银狐舍的下面最好为悬空结构，使粪便自然地排泄到地面。防止粪便在银狐舍停留的时间过长，发霉变臭，滋生细菌，也有利于粪便的清理。妊娠期母狐的狐舍要比母狐和公狐狐舍的建筑结构上多一部分，主要是给妊娠期母狐提供一个好的分娩哺乳场所，有利于妊娠期母狐的进食和排泄，多出来的部分四周用水泥板、木板或砖块搭建，可以并排搭建，也可以前后搭建。底部不需要悬空，但需要铺盖稻草，给妊娠期母狐一个好的休息哺乳环境，也可以单独建立一个妊娠期母狐的居住环境。

银狐养殖场的建设可以划分为场区整体规划和投入，饲料间和生活建筑的投入，笼舍和笼具的投入，最后是生产设备的投入。根据养殖的规模大小，可以分成小型养殖场、中型养殖场和大型养殖场。

1. 小型银狐场建设（图 1－1）

小型养殖场一般是以庭院养殖为主，养殖户在自己家的院子里养殖 30～50 只种母狐进行自繁自养，平时主要利用业余时间

图 1－1　小型养殖场

进行管理，养殖投入以饲料投入最大，目前，正常饲料成本的算法是全年总的饲料投入除以当年育成以后的仔狐数量，按群平均成活 4 只计算，每只成本大概在 300～350 元，群平均成活数越高，平均成本会越低。场地建设投入很小，庭院养殖一般可以不计算成本的。每只狐狸的生存空间根据养殖规模可大可小，基本不会对狐狸的生长有很大的影响，主要是因为总的养殖数量小，即使养殖密度很大也不会造成局部空气质量不好的情况。但是，有一点需要注意，那就是排水问题，如果夏天雨水长期积存，形成高温高湿的环境，很容易引发各种疾病，尤其是肠道疾病和呼吸系统的疾病。至于整体布局和规划就相对灵活很多，养殖户需要首先确定种母狐的位置，种母狐的管理是养殖过程的重中之

重，它的作用相当于农民种地时土地的作用，如果土地没有准备好就开始种地会导致全年颗粒无收。种母狐舍的位置最好选择在背风向阳的地方，这有利于促进配种期母狐提前发情配种，一般发情配种早的母狐营养健康状况都很好，非常有利于后面的成活率。位置选好以后就是布置产窝的问题了，目前，国内使用的产窝有好多种，有用砖石结构的，砖石结构又分为两种，一种是小窝后面是用笼片结构的，小狐狸分窝以后能利用它养殖皮狐，节约场地，利用率很高，但缺点是使用相对要麻烦一些，后面笼片部分需要用保温防风的材料密封好，防止天气突变时冻伤冻死刚出生的仔狐。另一种砖石结构的就相对简单了，四周全是砖石结构的，只是在顶部用石棉瓦盖住就行了，石棉瓦能够很方便的开启和关闭，方便在仔狐出现意外时进行处理，产窝的底部一般也是用笼片或电镀网组成的，高度和前面的笼子底部平齐，一般狐狸窝都是成排排列，东西走向，南北结构，类似于农村盖房子一样，南面是笼子，相当于院子，平时种母狐在里边活动和采食，排便，临产前3天打开产窝门让种母狐熟悉环境（图1－2，图1－3，图1－4）。

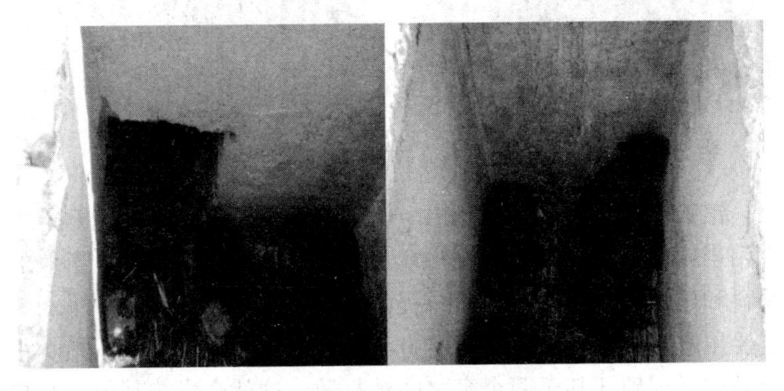

图1－2　小型养殖场狐笼舍

图 1－3　小型养殖场狐笼舍

图 1－4　养殖场狐笼舍

银狐产窝（图 1－5，图 1－6）的尺寸一般和养殖的笼子大小相当或略小，成本一般在 100～150 元，具体价格根据当地的原料和建筑工资来定。值得一提的是砖石结构的狐狸窝，里面一定要用水泥抹上一层，狐狸有打洞的天性，如果砖砌的不结实很容易被狐狸破坏甚至两个窝之间被打通，这就会影响其他正在哺乳的母狐，受到惊吓的母狐会造成很严重的后果。也有用木头箱

图 1-5 银狐产窝

图 1-6 银狐产仔窝

子的，有用玻璃钢一次成型的，还有用水泥板拼成的，这几种材料做成的产窝成本相对砖石结构的要低，平均每个产窝的成本在70元左右。目前，山东地区很多养殖户使用的笼中笼受到很多养殖户的好评，其特点是成活率高，造价低，占地面积小，有安装使用灵活的优点，每个产笼的成本大概在20元左右，它是目前最经济实惠的一种。笼具的投入按目前最常用的冷拔丝点焊镀锌笼计算，笼子尺寸是高60厘米，长90厘米，宽70厘米，每千克6元，每个笼子按8.5千克，每个笼子在51元左右，市场价格会随着钢铁的价格有所浮动。我们以 50 只种母狐为基础计算总投入为：

①种兽的投入 500 元/只（每年的价格都不一样），得出投入钱数为 25 000元（不包括公狐，现在一般都是去输精站配种）。

②产窝按笼中笼算每个 20 元一共 1 000元，笼子 250 个（种狐 50 个，仔狐 200 个）每个 51 元一共 12 750元。

③石棉瓦 12 元/块，大概要用 300 块左右，一共 3 600元。

④食盆 5 元/套，一共是 250 套，共 1 250元。

以上 4 项为固定资产，投入总计 43 600元，如果按照平均每只母狐带活 4 只仔狐算，一共是 200 只仔狐，按 300 元每只算就是 60 000元的周转资金。这就得出养殖 50 只银狐种母狐头一年的总投入大概在 10. 36 万元左右。

2. 中型银狐场建设（图 1 - 7，图 1 - 8）

图 1 - 7　银狐场

中型养殖场养殖种母狐规模在 200 ~ 600 只，选择场址时大多远离居民居住区，水、电、交通都是首先考虑的因素，地势要高不能存水，通风要好，还要有充足的阳光，围墙不能太高，否

图1－8　银狐场

则会影响通风，场区里最好种上一些树，但是，密度不能太大，要有30%左右的光照面积（图1－9）。种狐区最好不要栽树，

图1－9　银狐场防晒笼舍

背光的地方会对狐狸的发情配种有影响。场区的布局分为几个大的区域：种公狐区，种母狐区，皮狐区和生活区。种公狐区最好是安排在人工输精室的附近，到配种时期能够方便采精。种母狐的区域选择应该在背风向阳的地方。皮狐区应该规划在靠近饲料

加工车间的地方，生长期皮狐需要的饲料量很大，如果饲料加工间太远会给饲养员带来很多麻烦。笼舍（图 1 – 10，图 1 – 11，图 1 – 12）最好是东西走向，这样狐狸在笼子里能够自己选择比较舒适的日照程度，能有效的够躲避夏天太阳的暴晒。笼子底部离地面的高度不能太小，最好能够高于 60 厘米，这样能够尽量减少粪便对狐狸的不良影响。

图 1 – 10 银狐笼舍结构

中型养殖场的工作量很大，尤其是仔狐生长期需要采食大量的饲料，这时候最好是采用自动喂食车（图 1 – 13，图 1 – 14）饲喂狐狸，这不仅能够大大的降低饲养员的劳动强度，同时能够很大程度上增加劳动效率。中型养殖场一定要配备狐狸的自动饮水系统（图 1 – 15），并且一定要保证其正常的运行，这是保证狐狸健康生长的前提，因为如果狐狸生病了一定会导致采食量的下降，这时候如果没有充足干净的饮水，会很快使狐狸的病情加重甚至死亡。

中型养殖场应该对狐狸的养殖密度高度重视，按整个场区总平均面积，每只狐狸所占面积不能小于 2 平方米，密度过大会造成空气质量下降，从而引发狐狸的呼吸系统疾病。如果要建设一

图 1－11　银狐笼舍

图 1－12　母银狐笼舍

个种狐在 600 只的养狐场的话，年出产仔狐 2 000只，那每年最高存栏 2 600只，按每只 2 平方米计算，600 只种狐的养殖场最少需要的场地面积为 5 200平方米，其中，包括饲养员的生活区。场区面积确定好以后，就要根据场地的实际情况来规划各个区域，区域的规划要因地制宜，不用千篇一律，通风、采光、排水和方便工作是场区布局的几个重要的考虑因素，狐狸笼舍之间的

图 1－13　人工喂食车

图 1－14　银狐自动喂食车

地面可以作为平时工作的道路，宽度在 1.3～1.5 米，宽度过小会造成通风不良，过大的话又会浪费土地面积。笼子底部距离地面在 70～80 厘米最好，这样即保证狐狸与地面粪便的距离又能

图 1－15　银狐自动饮水设施

够方便饲养员对狐狸的健康和营养状态的观察。

关于饲料方面，中型养殖场有多种选择：

（1）可以选择品质较好的全价配合饲料　优点是方便省事，价格适中，但饲料的品质好坏完全取决于饲料厂家，一旦养殖过程中出现问题，饲料原因不能够完全排除。

（2）配置全价料（图 1－16）　动物性蛋白全用烘干产品，比如进口肉粉和进口鱼粉，植物性饲料需要经过膨化设备熟化后粉碎，按一定比例将动物性饲料和植物性饲料混合均匀就能够进行饲喂了。饲喂之前还要进行加水搅拌或制成颗粒才能吃到狐狸的口中。这就涉及一些简单的饲料加工设备，比如，干料搅拌机将各种干粉饲料搅拌均匀，湿料搅拌机或膨化机用于饲喂前的最后一步加工，膨化机将谷物性饲料加工熟化，粉碎机将颗粒较大的饲料进一步粉碎。

（3）生鲜配合饲料　这是指动物性饲料全部或部分由新鲜肉类和鱼类组成。饲喂新鲜动物饲料需要一个中小型的冷库和绞肉机，冷库用来保存动物性饲料，绞肉机用来将动物性饲料粉碎。新鲜的动物性饲料能够直接粉碎喂狐狸用，不用再加工熟

图 1－16　银狐配合饲料

图 1－17　人工熬食

化。关于饲料加工间的面积问题根据实际养殖规模和饲养模式决定，但以 600 只种狐为例面积最好不要小于 200 平方米，过小的饲料加工间通风不好，在夏天高温高湿的情况下很容易造成饲料的霉变。以 600 只种狐的规模计算投入成本：

①场地投入。前面提到 600 只种狐的饲养场，使用面积在 5 200平方米，因为各地的建筑材料和施工费用不同，粗略估算

大概需要 15 万 ~20 万元，其中，包括围墙，饲养员宿舍，饲料加工间，冷库等建筑设施。土地使用费各地差异太大，无法估算。

②养殖设备投入

种狐：按每只 500 元计算，总计 30 万元。

笼子：按平均 500 只种母狐，平均成活 4 只计算，共存栏 2 600只狐狸，每个笼子养一只计算，共需要大概 13. 26 万元。

石棉瓦：按 4 个笼子 3 块瓦计算，共需要 1 950块石棉瓦，每块 12 元，共需要 2. 34 万元。

产笼：20 元每个，500 个产笼共需要 1 万元。

食盆：5 元每套，共 2 600套需要 1. 3 万元。

以上是固定财产的投资，大概需要 67. 9 万元，周转资金（饲料、工人工资、水电等杂费）按 300 元每只计算，300 元/只 × 2 000只（种狐费用平摊进仔狐的费用中）共需要 60 万元，由此我们就能知道投资一个 600 只种银狐的饲养场，当年的总投入大概需要 127. 9 万元。

3. 大型银狐场建设（图 1－18）

大型养殖场一般指年出产 1 万只以上皮狐的养殖场，种狐存栏在 2 800只以上。大型养殖场的选址和布局的原则同中型养殖场的选址和布局原则基本相同，但是，也会有一些差异，例如，场区太大，管理不是很方便，这就需要根据工人的管理能力，把大型种群分成若干个小群，小区之间用 1 米左右的矮墙隔离开，以 2 500只种母狐为例，每位饲养员管理 300 只种母狐，可以将整个大群可以分成 8 个 300 一组的小群和一个 100 母狐的小群，8 个大群为主力，100 小群做先锋，有什么新的东西首先用在小群上，等试验成功了就在全场进行推广，这样做能既能够不断地使用新的技术，也能够有效地避免使用新技术所带来的风险。

另外，大型养殖场一定要设立病兽隔离区，专门饲养发病的

图 1－18　大型银狐场全貌

狐狸，尤其是传染性疾病，一定要及时地隔离治疗，否则很可能会引发大面积的传染发病，造成灾难性的后果。大型的养殖场还要考虑到粪便的处理问题，最好在场区围墙以外用专门的堆积发酵的场地，能够很好的杀灭粪便中的各种有害病菌和寄生虫。关于饲料加工的事情，一定要有专门的工人来做这项工作，大型的养殖场一定要严把饲料的质量关，绝对不能使用来源不明或是发霉变质的饲料。另外，在场区的某个利用率比较低的地方，应该为饲养员建立一个娱乐活动中心，定期的组织饲养员进行养殖方面的学习交流和组织一些娱乐活动，为饲养员创造一个愉快舒服的工作环境，从而达到提高饲养员的饲养水平和增强企业的凝聚力的作用，真正地做到以人为本。大型养殖场的投资可以参考中型养殖场的各项投入做预算，按 600 只种狐需要 127. 9 万元计算的话，每只种狐平均花费 2 132元，这就可以粗略地估算出养殖2 800只种狐当年投入大约需要 596. 96 万元。

二、狐种选择

银狐（图1－19，图1－20，图1－21），又称银黑狐，属于食肉目犬科，是赤狐在野生环境下的毛色突变种。银狐起源于北

图1－19　银狐（马永兴摄）

图1－20　银狐（马永兴摄）

美洲的阿拉斯加和西伯利亚东部地区，经过一百多年的人工饲养

图 1－21　银狐种公狐（马永兴摄）

训化，已经成为珍贵毛皮动物的主要品种，目前，是狐属动物中人工养殖数量最多的一种。银狐体型与赤狐基本相同，全身被毛基本为黑色，有银色毛均匀地分布全身、臀部银色较多，颈部、头部逐渐变淡，黑色比较浓，针毛一般分为 3 个色段，基部为黑色，毛尖为黑色，中间一段为白色，绒毛为灰褐色，针毛的银白色毛段比较粗而长，衬托在灰褐色绒和黑色的毛尖之间，形成了银雾状。银黑狐的吻部、双耳的背面、腹部和四肢毛色均为黑色。在嘴角、眼睛周围有银色毛，脸上有一圈银色毛构成银环，尾部绒毛灰褐色，针毛和背部一样，尾尖纯白色。绒毛为灰褐色。

银狐腿高，腰细，尾巴粗而长，善奔跑，反应敏捷。吻尖而长，幼狐眼睛凹陷，成狐时两眼大而亮，两耳直立精神，视觉、听觉和嗅觉比较灵敏。银黑狐公狐冬季体重一般为 6 ~ 8 千克，体长 66 ~ 75 厘米，母狐冬季体重 5. 5 ~ 7. 5 千克，体长 62 ~ 70 厘米。芬兰银黑狐饲料中动物性饲料比较多，所以，体型一般较大。

阿拉斯加银狐，又名阿拉斯加黑狐、西部黑狐，一些资料又称为玄狐。体型近似于银黑狐和赤狐，原产于北美大陆的阿拉斯加地区和西伯利亚地区，是赤狐的黑色变种狐，阿拉斯加银狐被毛中散在少量的银色，毛色基本呈黑褐色，尾尖为白色。在国内此品种较为少见。

第二章　熟悉银狐小习惯

一、银狐的捕食习惯

野生银狐生长栖居在山地、森林、草原和寒冷地带，以肉食为主，捕捉鼠类、蛙、鱼、小动物和禽类。同时也采些植物的子实、浆果、根、茎等，一般到秋季长得比较肥胖，随着严寒的冬季到来，食物短少，逐渐变瘦。

银狐的基础代谢水平与季节和生产时期有直接关系，其采食量也随之增减，夏季银狐的繁殖期基础代谢水平最高，食量为550～850克；银狐非繁殖期基础代谢最低，食量为500～600克；春秋季节的基础代谢比较接近，食量为500～700克。

狐有藏食的习性，能将吃不完的食物藏起来，或将尿液排在上面，待饥饿时再吃。狐的饮水行为是依靠舌头将水卷入口中，就像狗饮水一样。其饮水量随气温、湿度的变化而有很大差别，如夏季，每天饮水6～8次，每次20～25克，每日需水量120～200克。而冬季则大大减少，每天需水量仅20～30克。当寒冷水结冰时，狐以舌舔冰面，已满足饮水。

家庭养狐的食物主要有肉、鱼、蛋、乳、血、动物下杂、鱼粉、谷物子实和大豆膨化饲料等。

二、银狐的繁殖特征

银狐一年发情一次，产仔数比蓝狐和貉少，一般在4～6只。

银狐性格比蓝狐凶猛，在饲养中，将那些生性难以驯化的逐步淘汰。经过驯化，有些银狐可以抱在怀中，很容易与人亲近。芬兰的科学家经过观察和试验证明，驯化良好的，不怕人的银狐产仔率高，产仔出成活率也高。狐的寿命在8～10年，繁殖年龄能达到8年，最佳繁殖期2～5年，5年以后的应淘汰。处于繁殖期的银狐常见的行为有如下特征。

1. 发情行为

银狐发情行为出现在1月中旬到3月中旬。发情公狐活泼好动，经常往舍边角上排尿，早晚经常发出高亢的的求偶叫声。

当公母狐接触时，公狐主动接近母狐，嗅闻母狐的外阴部，与母狐嬉戏。在约2个多月的配种期内，具有交配能力。发情母狐行动不安，经常徘徊于笼内食欲减退，频频排尿磨蹭笼网，不断地发出急促的求偶叫声。

2. 放对行为

当母狐拒绝公狐爬跨时，尾巴夹紧，并回头扑咬公狐，展开一场激烈的争斗。公母狐各伏笼舍一角，怒目扫尾相视，发出短促而有力的叫声。母狐进入发情盛期时性欲旺盛，后肢站立，尾巴翘起，公狐主动接近母狐，公母狐在一起嬉戏一会儿后交配。

3. 交配行为

公狐举前肢爬跨于母狐背上，臀部前后频频抽动做阴茎置入动作，置入后抽动加快，然后公狐尾根抖动，呼吸紧迫，两眼紧闭，静候1～2分钟，射精后，公狐从母狐背上转身滑下，但由于阴茎和龟头高度充血膨胀而嵌留在阴道里，形成链锁现象。一般交配链锁时间15 ～ 20分钟，个别有1～2小时，或3小时。

4. 产仔行为

银黑狐产仔一般在3月下旬到4月上旬，多在早晚和夜间进行，产前母狐用嘴拔掉乳房周围的被毛做窝，并露出乳头。临产前食欲减少或废食，一般1～2顿不吃，表现不安，在笼网上来回走动或频频出入小室，头常常回顾腹部。有时坐在笼网上用嘴舔外阴部，当子宫阵缩，努责，引起腹痛发出叫声。当仔狐出生后，母狐咬断脐带，约每隔 10 ~ 15 分钟产出 1 仔，一般 4 ~ 8 小时可全部产完。

5. 母仔行为

母狐有 4 ~ 5 对乳头，分布在腹下两侧，仔狐产出后发出叫声，此时母狐守候在窝内。出生后 1 ~ 2 小时，仔狐身上胎毛被母狐舔干后，可爬动寻找乳头吮乳，吃饱后便沉睡。约 8 ~ 9 小时吮乳 1 次。产仔母狐母性较强，一般很少走出小室，安心哺育仔狐。但极个别的有遗弃的现象。母狐泌乳能力很强，仔狐生长发育较快，一般 18 ~ 25 日龄开始采食，在 30 日龄前母狐用侧卧式哺乳仔狐，以后母狐便站立哺乳仔狐，哺乳时母狐逐个舔舐仔狐肛门，吃掉胎便。当仔狐会吃食时，母狐叼食给小狐吃，直到小狐能自己出去吃食为止，从此母狐不再为仔狐舔肛门和清理粪便了。仔狐 40 日龄后，母狐开始对它们表现疏远，尤其是吮乳时，母狐躲避仔狐，有时甚至恐吓或扑咬，这是母狐泌乳量减少，乳房萎缩，不愿给仔狐哺乳的行为，40 ~ 65 日龄断乳、分窝。

三、银狐的换毛特点

银狐每年换毛一次，从 3 ~ 4 月开始，从前向后，首先从头部开始，然后从脖子、前肢、到臀部和尾，到 7 ~ 8 月基本脱光，伴随着脱毛，新毛也开始逐渐生长，7 月末开始长出新的针毛，新毛生长次序与脱毛相同，绒毛开始大量生长，夏季毛色比冬季的深。银狐皮成熟比蓝狐皮成熟晚，一般在 12 月中旬，大雪节气后全部白板才能完全成熟。

第三章　银狐每天吃什么

一、银狐的营养需要有哪些

银狐是肉食为主的杂食性动物，饲料种类很多，包括动物性和植物性两大类。这两种饲料所含营养物质虽然含量有差异，但是，种类相同，都含有碳水化合物、蛋白质、脂肪、矿物质、维生素和水。

（一）碳水化合物

碳水化合物主要是供给银狐所需的能量，是维持动物生命的物质基础，无氮浸出物在银狐消化道内均能转化成单糖被吸收；而粗纤维不能被银狐吸收。但是，纤维素可使食团松散，起到刺激胃肠蠕动和分泌消化液的作用，有助于饲料的消化吸收。

在实际饲养过程中，如果银狐饲料中碳水化合物不足或过低，不能满足银狐维持需要时，动物就开始动用体内的储备物质，首先是糖原和脂肪，仍有不足时，则利用蛋白质代谢代替碳水化合物，以供应能量的需求，从而银狐会变得消瘦。然而，日粮中碳水化合物过多时，相对日粮中蛋白质的含量就会降低，使得蛋白质的需求又得不到满足，阻碍银狐的正常生长发育、繁殖、毛皮生长等中要的生产活动，损害经济效益。所以，碳水化合物的含量一定要考虑动物本身的需要，并均衡考虑其他营养元素，这样才能达到最好的生产效益。

（二）蛋白质

1. 蛋白质是动物生命活动的基础

蛋白质是构成各种器官组织的重要组成部分，尤其是对银狐这样的毛皮动物意义更加重要，蛋白质是构成皮毛、蹄、肌肉、内脏等器官的主要构成成分，而且银狐的生长发育、泌乳、产卵、妊娠等生产活动均需要大量的蛋白质。新陈代谢过程中所需要的酶、激素、色素和抗体等，也主要是由蛋白质构成的，可见对于银狐来说，蛋白质的存在关乎生命。

虽然蛋白质具有很重要的营养功能，但是，在实际饲喂过程中，蛋白质的供给要均衡，不要过高或过低。当日粮中蛋白质缺乏或过低时，银狐的消化机能受到影响，生长缓慢，体重减轻，导致繁殖机能紊乱等，严重影响银狐的生产性能。而当蛋白质含量过高时，蛋白质作为能源物质的比例增加，蛋白质分解供能的比例增加，从而代替一部分碳水化合物，导致生产成本提高。

2. 蛋白质是由氨基酸组成的

饲料中蛋白质进入消化道首先被分解成氨基酸，进而被吸收，合成银狐自身特有的蛋白质和其他活性物质（如激素、酶、嘌呤等），以满足其不断更新、生长发育和生产的需要。因此，蛋白质品质高低，关键取决于组成蛋白质中氨基酸种类和数量。

其中，对毛皮质量有重要作用的有色氨酸、含硫氨基酸（蛋氨酸、胱氨酸、半胱氨酸）、苯丙氨酸和赖氨酸。

（1）色氨酸　色氨酸在体内代谢的主要途径是合成B族维生素烟酰胺。此种氨基酸不足，将使烟酰胺的合成减少，毛皮动物生长停滞、皮肤粗糙、毛绒发育不良，严重影响毛皮质量。

（2）含硫氨基酸（蛋氨酸、胱氨酸、半胱氨酸）　对合成角蛋白（毛绒）和生产优质毛皮有重要的作用，其中蛋氨酸是必需氨基酸，也是合成胱氨酸、半胱氨酸的原料。当胱甘酸供给充分时，蛋氨酸的需要量可以降低15%，在秋季和冬季毛绒生长期蛋氨酸的供给可降低25%或更多。

（3）苯丙氨酸和赖氨酸是对幼龄毛皮动物生长和毛皮色泽有良好的改进作用　苯丙氨酸是毛生长期形成色素的间接原料。赖氨酸是合成体组织所必需的，是生长过程中重要的氨基酸。

饲料中必需氨基酸的种类不仅应齐全，而且要比例均衡，否则即使蛋白质含量很高，也不会达到理想的生产效果。

银狐对蛋白质的利用率高低，还受到饲料中粗蛋白质的数量和质量、饲料中粗蛋白质与能量的比例关系、饲料的加工调制方法的影响。

（三）脂肪

脂肪是动物体热能的主要来源，也是能量最好的储存方式。十八碳二烯酸（亚油酸）、十八碳三烯酸（亚麻油酸）、二十碳四烯酸（花生油酸）是银狐必需脂肪酸。

脂肪在银狐营养中的作用主要表现在以下方面。

①脂肪是体组织和细胞组织的重要组成部分，各种组织如神经、肌肉、骨骼、血液等组织中均含有脂肪，主要有卵磷脂、脑磷脂、糖脂、胆固醇。

②供给能量，脂肪是动物体能的主要来源，1克脂肪在体内完全氧化，可产生162.64千焦的热量，是同等重量蛋白质和碳水化合物的2.25倍。

③促进脂溶性维生素的吸收，脂溶性维生素A、维生素D、维生素E、维生素K及胡萝卜素等必须在脂肪中才能溶解，然后才被消化吸收。

④供给动物必需脂肪酸，当缺乏必需脂肪酸时，皮肤细胞对水的通透性增强，从而导致因水代谢紊乱而引起的水肿和皮肤病变。另外，在繁殖过程中，必需脂肪酸也具有重要意义，精子的

形成、母狐的不孕症以及哺乳过程障碍等，都与必需脂肪酸缺乏有关。

脂肪极易酸败氧化，采食酸败脂肪对银狐机体危害很大，可以使小肠发炎，造成严重的消化障碍。使幼狐食欲减退，出现黄脂肪病，阻碍生长发育，严重时破坏皮肤健康，降低毛皮质量，使妊娠期母狐死胎、烂胎等。为了防止饲料氧化，在储存时一般加入抗氧化剂。

（四）矿物质

银狐对许多矿物质具有需要量和有毒量，日粮中矿物质过量会造成中毒，甚至死亡，矿物质缺乏会引起动物食欲减退，产生相应的矿物质缺乏症或者代谢疾病，造成生产性能下降，严重的亦可导致死亡。常量元素：钙、磷、钾、钠、氯、镁、硫等；微量元素钴、硒、铜、锌、锰、碘、铁等。这些矿物元素一般广泛地存在于动物性饲料和植物性饲料中，但由于不同地域饲料原料的不同以及银狐不同生长阶段对矿物元素需要量的差异，一些必需的矿物质元素需要在饲养过程中额外补充。

1. 钙、磷

钙绝大部分以磷酸钙形式沉积于骨骼中、牙齿中，也是构成血液和淋巴的成分，还有一部分与蛋白质相结合存在。钙能调节神经系统的兴奋性，参与血液凝固过程，也参与胃中凝乳酶的凝乳作用。动物体内含磷量为体重的1%左右，磷或以无机盐的形式存在，或以有机化合物的形式存在于蛋白质、磷脂、糖的成分内。磷是是组成酶的一部分，对血液的酸碱平衡起着调节作用。同时，磷也是核酸、蛋白质、磷脂等的重要组成部分，也是高能化合物单磷酸腺苷（AMP）、二磷酸腺苷（ADP）、三磷酸腺苷（ATP）以及其他细胞代谢的成分。

钙和磷是机体所必需的元素，对妊娠、泌乳母狐和生长中的幼狐尤为重要。日粮中钙、磷的含量应该适宜，其含量过量或不足都会引起不良后果：钙、磷同时过量会影响其他矿物元素（尤其是微量元素）的吸收利用；长期缺乏钙、磷可引起幼狐生长发育停滞，发生佝偻病，导致成年狐发生骨质松软、骨纤维化及软骨病。另外，钙能使神经系统的兴奋性降低，血钙水平如果过低时，可引起神经系统过度兴奋、肌肉发生痉挛。缺磷则主要表现为厌食和生长不良；磷过多会形成磷酸钙盐，导致钙的不足，造成继发性营养性甲状旁腺机能亢进，引起骨质疏松，容易出现骨折跛行和腹泻，肋骨软化会影响正常呼吸，严重时导致窒息死亡。钙、磷比例过度失调，可引起毛绒粗糙、脆弱、无光泽及食欲减退等。在繁殖季节，钙、磷不足易造成胚胎吸收、仔狐生命力弱，母狐产后缺乳、瘫痪，消化机能障碍和性机能减退等。

饲料中的钙和磷主要在小肠上段被吸收。钙、磷的吸收受到它们之间的比例影响。如果钙过多，使饲料中更多的磷酸根与钙结合而沉淀，就降低了钙、磷的吸收率。但在饲料中含有维生素 D 的情况下，银狐也可以把比例不当的钙、磷吸收，因为维生素 D 能降低肠道中 pH 值，使之呈酸性反应，以利于钙的吸收。脂肪在饲料中过高，也妨碍钙的吸收，因为钙与脂发生作用形成难以吸收的钙肥皂，随粪便排出体外。因此，当日粮中的钙磷比例比较理想，一般为 2∶1 或在 1∶1 的范围内时，才有利于日粮中的钙磷的吸收和利用，否则可能会引起银狐生长速度下降，生产性能较差。注意，适量的维生素 D 有利于钙和磷的吸收。

一般钙、磷的常用的补充饲料有磷酸氢钙、碳酸钙、蛋壳粉、骨粉等。

2. 钠和氯

钠和氯主要存在于细胞外液中，对维持体内酸碱平衡以及细胞和血液之间的渗透压有重要作用，还可以保证体内水分的正常代谢，调节肌肉和神经的活动，对维持机体内环境的稳定，从而保证各器官系统的正常生理机能有重要意义。氯参与胃酸的形成，从而促进蛋白质在胃中的消化。日粮中缺乏食盐，可使胃酸分泌减少，影响胃的消化能力，导致食欲减退、发育迟缓，体重下降和精神萎靡，体内水分减少，并可使繁殖力大大降低。肾脏可以排除多余的氯和钠，以调节机体的氯和钠水平，但是如果食入大量食盐却没有饮充足的水就很可能发生食盐中毒。

3. 钾

钾在动物体内90%左右分布于细胞中，多以磷酸钾的形式存在于肌肉、红血球、肝脏及脑组织中，是细胞的组成成分，具有维持细胞内渗透压和调节酸碱平衡的作用，对肌肉组织的兴奋性及红血球的发生有特殊的生理功能。钾盐能促进新陈代谢，有助于消化。缺钾会导致动物肌肉发育不良，容易引起幼狐生长发育受阻，成年狐食欲减退，心肌活动失调；母狐发情紊乱、不易受孕。钾盐广泛存在于动植物饲料中，在正常饲养条件下，银狐不容易发生缺钾症。

4. 镁

镁也是构成骨骼、牙齿的成分之一。镁在动物体内分布很广，但含量不多，动物机体内约80%的镁存在于牙齿及骨骼中。镁有助于骨骼形成，它与钙、磷代谢有密切关系。摄取过多时影响钙、磷的结合，妨碍机体的沉钙作用。镁是碳水化合物和脂肪代谢中一系列酶的激活剂，它可影响肌肉、神经的兴奋性，低浓度时会引起痉挛。大多数饲料均含有适量的镁，能满足狐对镁的需要，所以一般情况下不会发生镁缺乏症，但是在某些地方性缺镁的地区可引起镁缺乏。银狐日粮中钙磷含量过高将降低镁的吸收，引起镁的缺乏。生产中一般推荐银狐的日粮中镁的浓度为450毫克/千克。

5. 硫

硫主要存在于蛋白质中，它是含硫氨基酸（蛋氨酸、胱氨酸）的主要组成元素之一。硫又是调节代谢的物质，如胰岛素、硫胺素都含有硫，对调节有机体的物质代谢有一定意义。长期饲喂含蛋白质很低的饲料或日粮结构不合理时，就容易出现硫的缺乏症。硫严重缺乏时，动物食欲减退或丧失，掉毛、被毛粗乱、甚至死亡，所以，缺硫对银狐的毛皮生长有严重影响。

6. 铁

铁是红细胞中血红蛋白的重要构成元素，机体的铁有60%～70%存在于血红蛋白和肌红蛋白中，20%左右的铁与蛋白质结合成铁蛋白，存在于肝、脾和骨髓中，其余存在于含铁的酶类。日粮铁的吸收受体内铁储的调控，一般利用率只有30%。足量的铁是机体生长发育与代谢不可缺少的基本条件，缺铁可导致营养性贫血，影响机体的免疫功能和生长发育。银狐在寄生虫病、长期腹泻以及饲料中锌过量等异常状态时会出现缺铁症状。幼狐如果仅吃母乳，可能会出现缺铁性贫血。典型的缺铁症状除贫血外，绒毛褪色，肝脏中铁含量显著低于正常水平，有时还伴有腹泻。铁缺乏还会致使棉状皮毛，绒毛色彩暗淡，毛绒粗乱。如果日粮中铁不足时，可用硫酸亚铁、氯化铁等来补充。建议银狐饲料浓度为50～100毫克/千克较好。

7. 铜

铜为毛皮正常色素沉着所必需，也对维持正常生产及产毛有重要作用，所以对毛皮动物银狐来说很重要。铜主要以酶的形式存在于动物体内并发挥作用，参与构成细胞色素氧化酶、铁氧化酶、酪氨酸氧化酶等；是合成血红蛋白的催化剂的重要元素之一，能促进铁和蛋白质的结合而形成血红蛋白。因为铜属于重金属，对蛋白质有较强的凝固作用，所以高剂量铜可用于防止饲料霉变，消化道杀菌，然而，过高剂量的铜也易引起动物消化道正常菌群的失衡，造成下痢和 B 族维生素的缺乏。高剂量的铜有抗菌促生长作用，但长期饲喂可能造成在成年动物肝脏的沉积，铜在肝脏中积累到一定程度时就会释放入血，使红细胞溶解，造成黄疸、组织坏死等，从而导致生长抑制和死亡现象。

8. 锌

锌广泛分布于动物体内，骨、肝、皮、毛中锌的浓度最大，骨中锌浓度随年龄增加而增加，皮毛中的锌浓度则正好相反，肝脏、肌肉和其他器官的含锌量似乎与年龄无关。锌既是某些酶的组成成分，又可以影响某些非酶的有机分子配位基的结构构型。此外，锌与性腺、胰腺、垂体的活动密切相关。因此，锌具有的极其复杂而重要的生物化学功能。当体内缺锌时，食欲减退，采食能力大大降低，饲料氮和硫的利用受阻，饲料利用率下降，生长速度降低；缺锌影响最为严重的就是生殖，可使动物的性腺成熟期推迟，甚至失去生殖能力；成年动物缺锌可发生性腺萎缩、纤维化以及第二性征发育不全等症状。另外，缺锌还可导致皮炎、脱毛，使被毛失去光泽秘弹性。锌的缺乏可引起食欲不振、生长迟缓、无生殖能力及皮肤发炎等。一般以海鱼类产品为主的狐饲料中含锌较丰富，所以一般不会缺乏。锌在狐饲料中建议浓度为 60 毫克/千克。

9. 锰

锰是动物有机体内许多酶的激活剂，能影响碳水化合物、脂肪和氮的代谢，对动物生长发育、钙磷沉积、成骨作用和繁殖有直接影响。锰缺乏时生长受到抑制，被毛蓬乱，死亡率升高；还可造成骨化障碍、骨骼变形、跛行，产生弯腿或腿变短粗，骨脆易折；母狐严重缺锰时，发情不明显，妊娠初期易流产，死胎，仔兽出生重小。日粮中锰过多时，可降低食欲，影响钙磷利用，导致动物体内铁储存量减少，产生缺铁性贫血。狐缺锰可以补饲一定量的硫酸锰、氯化锰等，建议量为 40 ~ 50 毫克/千克。

10. 钴

钴在动物有机体中，几乎全身都有，肝、肾、脾含量较多。钴主要通过参与构成维生素 B_{12} 发挥其生理生化功能：它参与体内一碳基团的代谢；同叶酸相互作用，促进活性甲基的形成；促进叶酸转变为活性形式，提高其生物利用效率等。此外，钴还是血红蛋白和红血球在生成过程中不可缺少的元素，对骨骼的造血机能有直接作用，因此，钴可以治疗多种贫血。缺钴时，会产生厌食、营养不良、发育迟缓、恶性贫血等。银狐缺钴可通过添加钴盐饲料来有效地防治。

11. 碘

动物的一切体组织和体液都含有碘，但碘主要集中在甲状腺中。碘主要通过形成甲状腺激素来发挥作用。日粮中碘缺乏时，幼狐生长发育受阻，抗病能力降低，死亡率升高，成年狐繁殖率下降及毛绒脱落等。银狐缺碘一般发生在地方性缺典地区，采取的预防措施是在饲料中添加碘，如碘化钠、碘化钾、碘酸钠等。一般海鱼中碘的含量已经远远超过了银狐的需要量。

12. 硒

硒是动物体内谷胱甘肽过氧化物酶的必需成分，机体的所有组织和细胞均含有硒。硒在机体内具有抗氧化功效、参与机体免疫、影响基础代谢和内分泌。我国东北是严重的缺硒地区，硒的缺乏对银狐产业的损害非常大。硒的代谢与维生素 E 具有相似的抗氧化作用。缺硒可产生白肌病、降低抵抗力。仔兽缺硒时，会生长停滞，母狐繁殖机能紊乱，空怀或胚胎死亡。东北地区，添加硒饲料进行狐生产能很好地预防缺硒病的发生，减少仔兽的死亡，提高毛皮质量及提高母兽繁殖性能，一般饲料中硒的推荐量为 0.1 毫克/千克。

13. 维生素

维生素既不能供给能量，也不是构成动物机体组织的成分。

动物体内维生素含量少，但为正常组织健康生长、发育和维持所必需的物质。饲料中一旦缺乏维生素，则会出现各种缺乏症。维生素可分为脂溶性维生素和水溶性维生素两大类。脂溶性维生素主要包括维生素A、维生素D、维生素E和维生素K，这类维生素可以与脂肪一起吸收，因此，有利于脂肪吸收的条件也有利于脂溶性维生素的吸收，脂溶性维生素在体内有一定量的储存。水溶性维生素主要包括B族维生素和维生素C。除了维生素B_{12}外，其他水溶性维生素并不在体内储存。

(1) 维生素A　维生素A在维持动物正常生命活动和充分发挥其生产潜力方面具有重要的作用。维生素A增加对疾病抵抗能力、促进生长、刺激食欲、参与性激素的形成，提高繁殖力。维生素A存在于动物性饲料中，以海鱼、乳类、蛋类中含量较多，成兽每只每天供给量约800～1 000国际单位，在补喂维生素A时，增加脂肪和维生素E会提高其利用率。

(2) 维生素D　动物体内缺少维生素D时，不仅出现软骨病，还会严重影响繁殖机能。每只银狐每天的供给量应不少于100～150国际单位。维生素D长期供应不足或缺乏时，可导致机体矿物质代谢紊乱。影响生长动物骨骼的正常发育，常表现为佝偻病、生长停滞，成年狐特别是妊娠及哺乳母狐则引起骨软症或骨质疏松症。

(3) 维生素E　维生素E主要是由一类化学结构相似的酚类化合物组成，在自然界中目前已知至少有8种，其中以α－生育酚的效力最高，分布最广。维生素E是一种强氧化剂，能抑制细胞内和细胞膜上的脂质过氧化，保护细胞免受自由基的损害，保证细胞和细胞内部结构的完整，防止某些细胞及其成分遭到破坏。维生素E是银狐正常繁殖所必需的，缺乏时母狐虽能怀孕，但是胎儿很快就会死亡并被吸收，公狐的精液品质降低，精子活力减弱甚至消失。维生素E的供给量以幼狐生长期及种狐繁殖期为最高，每只每天供给 3 ~ 5 毫克。维生素 E 耐热、耐酸，但对光、氧、碱敏感。在新鲜脂肪、小麦芽、豆油、蛋黄、肝、牛马肉中含量较丰富。

（4）维生素 K 维生素 K 又叫抗出血维生素，其生理功能主要是维持动物凝血正常，主要有维生素 K_1、维生素 K_2、维生素 K_3 3 种形式。多数成年毛皮动物，通过肠道微生物合成维生素 K，能保证机体的需要，但是胃肠机能紊乱或长期服用抗生素药物时，能抑制肠道中微生物活动与繁殖，使合成维生素 K 的量减少。一般在妊娠母狐和泌乳母狐饲料中添加维生素 K 是必要的。饲料中保证供给新鲜蔬菜即可预防维生素 K 的缺乏。

（5）B 族维生素 B 族维生素属于水溶性维生素，主要包括：维生素 B_1（硫胺素），维生素 B_2（核黄素），维生素 B_6（吡哆醇、吡哆醛和吡哆胺），维生素 B_{12}（钴胺素）、烟酸、泛酸、叶酸和胆碱等。

维生素 B_1（硫胺素）：维生素 B_1 是很多酶的辅酶，主要参与碳水化合物代谢过程中的氧化脱羧反应。狐基本上不能合成维生素 B_1，全靠日粮来满足需要。当缺乏时，出现食欲减退、消化紊乱、后肢麻痹等多发性神经炎症状。怀孕期缺乏时，产出的仔狐色浅，生活力弱。糠麸类、豆粉、内脏、乳、蛋及酵母中含量较多。

维生素 B_2（核黄素）：维生素 B_2 是黄素蛋白的成分，主要构成细胞黄酶辅基，参与能量、蛋白质代谢以及脂肪酸的合成与分解。银狐每只每天供给量 2 ~ 3 毫克。缺乏会发生新陈代谢障碍，幼狐发生病理变化等。维生素 B_2 广泛存在于青绿饲料及乳、蛋、酵母中。

维生素 B_6（吡哆醇）：维生素 B_6 包括吡哆醇、吡哆醛和吡哆胺，三者在动物体内的生物活性相同，主要参与蛋白质、脂肪和碳水化合物的代谢。通常日粮中含有足够的维生素 B_6，一般不出现缺乏症，但是，当日粮中含有维生素 B_6 拮抗剂（如维生素 B_6 结构类似物、羟胺、氨基脲、巯基化合物、可食香菇中的香菇酸、亚麻中亚麻素等）时，会导致维生素 B_6 缺乏。动物缺乏吡哆醇时生长迟滞，出现红皮水肿性多发性神经炎、类似癫痫的惊厥、贫血和脱毛。在繁殖期维生素 B_6 不足，公狐出现无精病，母狐引起空怀及胎儿死亡。健壮公狐尿结石也与维生素 B_6 缺乏有关。

维生素 B_{12}（钴胺素）：维生素 B_{12} 是含钴的维生素，具有调节造血机能，防止发生恶性贫血的作用。维生素 B_{12} 又称动物蛋白因子，主要参与一碳基团的形成、分解和转移，对各种蛋白质的合成有重要意义。缺少维生素 B_{12}，是由于肠道吸收能力受到破坏，患恶性贫血，红血球浓度降低，神经敏感性增强，严重影响繁殖力。维生素 B_{12} 仅存在于动物性饲料中，以肝脏中含量较高。只要动物性饲料品质新鲜，一般不会缺乏。

生物素：生物素的在脱羧—羧化和脱氨过程中起辅酶的作用，主要参与蛋白质、脂肪和碳水化合物的代谢。当毛皮动物日粮中有一定量的生蛋白（各种鸟卵、豆类、生豆饼等）时，因其中含有抗生物素蛋白，会使进入肠道的生物素变得不溶于水，也不易被动物体消化吸收。对于长期储存（冰冻储存）的动物性饲料，因脂肪氧化会影响动物对生物素的利用。

泛酸：也称遍多酸，又名抗皮炎素。泛酸是辅酶 A 的组成部分，而辅酶 A 在蛋白质、脂肪和碳水化合物代谢中起关键作用。饲料中有充足的泛酸，泛酸不足会导致动物代谢紊乱，主要表现为被毛褪色，皮肤脱屑及神经症状。

胆碱：胆碱不同于其他 B 族维生素，可以在肝脏中合成，机体对胆碱的需求量也较大。胆碱是磷脂的组成成分，主要功能包括：参与细胞的构成；促进肝脏脂肪转化，防止发生脂肪肝；作为乙酰胆碱的组成部分参与传导神经冲动。一切天然脂肪饲料中均含有胆碱。

(6) 维生素 C　维生素 C 又称抗坏血酸，其主要参与细胞间质的生成和氧化还原反应，促进肠道对铁的吸收，具有解毒和抗氧化作用，能维持牙齿、骨骼的正常功能，增强机体对疾病的抵抗力，促进伤口愈合。维生素 C 缺乏易导致口腔、齿龈出血。维生素 C 广泛存在于蔬菜和水果中，有很强的还原性质，易被热、碱、日光、氧化剂所破坏，但在酸性环境中较为稳定。

(五) 水

水是最基本的很容易得到的物质，所以，有时候就不把它列为营养物质。但是水的生理功能却是相当重要的，是生命不可缺少的。水的功能主要表现在：它是体内的重要溶剂；它可调节体温；保持机体的形状；它是润滑剂，参与形成唾液和关节囊液等可以起到润滑作用；它还是体内一切化学反应的环境。动物缺水比缺食物反应敏感，更容易引起死亡，人工饲养银狐必须保证充足洁净的饮水。

二、银狐常用饲料及饲喂方法

(一) 银狐常用动物性饲料及饲喂方法

银狐常用动物性饲料主要包括水产品类、肉类、鱼和肉类副产品、干动物性饲料、乳及蛋类饲料等，在日粮中一般占45%～65%。

1. 水产品类饲料

水产品饲料是银狐动物性蛋白质的主要来源之一。我国沿海地区、内陆江河流域和湖泊水库，每年出产大量的小杂鱼，除河豚鱼等毒鱼外，绝大部分的海鱼和淡水鱼均可作为银狐的饲料。

一般海杂鱼的可消化蛋白质10～15克/100克。实践证明，只要搭配和利用合理，单一用鱼类作为动物性饲料也可把银狐养好。常用的海杂鱼主要包括：比目鱼、小黄花鱼、黄姑鱼、红娘鱼、银鱼（面条鱼）、真鲷（图3－1）。

图3－1　鲜鱼

新鲜的海杂鱼最好生喂，银狐对其蛋白质的消化率高达87%～92%，容易吸收，适口性好。轻度腐败变质的海杂鱼，在非繁殖期需要蒸煮消毒后熟喂，但消化率约降低5%。严重腐败变质的鱼不能用来喂银狐，以免中毒。

大多数淡水鱼（特别是鲤科鱼类）含有硫胺素酶，对维生素B_1有破坏作用。生喂这些鱼，常引起维生素B_1缺乏症。所以，用淡水鱼养狐，应经过蒸煮处理后熟喂，高温可以消除硫胺素酶的破坏作用。

鱼类饲料含有大量的不饱和脂肪酸，在运输、贮存和加工过程中，极易氧化变质，变成酸败的脂肪。温度增高对，脂肪氧化酸败的很快。酸败的脂肪对银狐有毒害作用，并可破坏饲料中的维生素等营养物质。因此，质量好的鱼，捕捞后应立即放在0～5℃的条件下运输，然后在－20℃以下的冷库中速冻，再放在

-18℃左右的条件下贮存。经该法处理，含脂肪低的鱼可贮存1年，含脂肪高的鱼可贮存半年。鱼类贮存时间越长，脂肪酸败越严重。这样的饲料如果喂给妊娠的银狐，能引起母狐死胎、烂胎和胚胎被大量吸收。如果喂给2~4月龄的幼狐，将发生黄脂肪病。

2. 肉类饲料

肉类饲料是银狐的全价蛋白质饲料，它含有银狐机体需要的全部必需氨基酸，同时，还含有脂肪、维生素和无机盐等营养成分。

牛、羊、马、驴、骡、兔、野生动物和禽的肌肉以及畜禽屠宰加工厂废弃的碎肉等，均是银狐理想的动物性饲料。生喂新鲜而健康的动物肉，其消化率高（生马肉为91.3%），适口性强。不太新鲜的肉类熟喂可获得较好的生产效果。

肉类饲料成本高，来源有限，应合理搭配使用。在母狐妊娠期、哺乳期、幼狐生长发育期可适当增加肉类比例，以弥补其他饲料中某些必需氨基酸的不足。日粮中动物性饲料的搭配比例是：肉类占10%~20%，肉类副产品占20%~30%，鱼类占40%~50%。

在银狐繁殖期，严禁利用己烯雌酚（雌激素）处理过的畜禽肉，否则，这种雌激素将造成母狐生殖机能紊乱，使受胎率和产仔数明显降低，严重时虽全群受配，但不孕。

3. 鱼、肉副产品饲料

鱼、肉副产品饲料也是银狐动物性蛋白质来源的一部分，除了肝脏、肾脏、心脏外，大多数副产品的消化率和生物学价值较低，其原因是无机盐和结缔组织含量高，或某几种必需氨基酸的含量过低或比例不当。新鲜海鱼头、鱼骨架可生喂，繁殖期只能占日粮中动物性蛋白质的20%左右，幼狐生长期和冬毛生长期可增加到40%，但应与质量好的海杂鱼和肉类搭配，否则，易造成不良的生产效果。新鲜程度较差的鱼类副产品应该熟喂。另外，内脏保鲜困难，熟喂比较安全。肉类副产品包括头、蹄、骨架、内脏和血液等，在养狐生产中已广泛应用。肉类副产品在银狐日粮动物性饲料中占40%～50%，其余的50%～60%配以小杂鱼、肌肉和其他动物性饲料，这样的日粮对幼狐的生长、毛皮质量和种狐繁殖性能具有良好的效果。

（1）肝脏　是全价的蛋白质饲料，具有很高的营养价值，除含有全部必需氨基酸外，还含有多种维生素（A，D，E，B_1，B_2等）和微量元素（铁、铜、钴等）。在银狐的繁殖期（妊娠期和哺乳期），日粮中新鲜的肝脏占5%～10%（每只银狐日喂15～30克）时，能显著地提高适口性和日粮营养价值。新鲜肝脏（摘除胆囊）可生喂，来源不明或品质较差的肝脏应熟喂。肝脏的喂量过大会引起腹泻，最多每只每天不要超过50克。

（2）心脏和肾脏　蛋白质和维生素的含量都十分丰富，适口性好，消化率高。由于来源有限，所以多在繁殖期喂给。新鲜心脏和肾脏应生喂。

（3）胃　由于蛋白质不全价、生物学价值较低，因此，必须与肉类或鱼类饲料搭配，才能获得良好的生产效果。在繁殖期，各种动物的胃可占日粮动物性饲料的20%～30%，幼狐生长发育期占30%～40%。如果比例过大，或其他肉类和鱼类饲料的比例过低，对繁殖或生长发育将产生不良影响。新鲜的牛、羊胃可以生喂，猪、兔胃必须熟喂。

（4）肺、肠、脾　营养价值不高，蛋白质也不全价，结缔组织多，消化率低，而且常带病原菌和寄生虫，必须煮熟饲喂，并与鱼、肉类饲料搭配。在繁殖期，肺、肠、脾用量占日粮中动物性饲料的15%，育成期占15%～30%，用量过多会引起消化不良或呕吐。

（5）子宫、胎盘和胎儿　可喂幼狐，不应喂繁殖期的母狐

(因含有某些种类的激素)，以免造成生殖机能紊乱。

(6) 食道、喉头和气管　食道又叫红肠，营养价值高，是全价的蛋白质饲料，与肌肉无明显的区别。在银狐妊娠、哺乳期生喂，用量占动物性饲料的30%左右，能提高母狐食欲和泌乳能力，仔狐发育健壮。喉头和气管是较好的蛋白质饲料，在幼狐生长发育期，以20%～25%的比例与鱼、肉类饲料搭配使用。喉头和气管应该熟喂，利用前必须摘除附着的甲状腺和甲状旁腺。

(7) 兔头、兔骨架　营养价值较高，钙磷含量丰富，是银狐繁殖期及幼狐生长期的优良鲜碎骨饲料。繁殖期用量可占日粮中动物性饲料的15%～25%。幼狐育成期占30%～50%。蒸熟软化后绞碎饲喂。

(8) 脑　含有丰富的脑磷脂和各种必需的氨基酸，对银狐生殖器官发育有良好的促进作用。一般在配种准备期少量使用，每只种狐每天3～5克。

(9) 血　含有丰富的含硫氨基酸和无机盐，有利于冬毛生长和提高毛皮质量。新鲜健康的动物血（采血5小时以内）可以生喂，但猪血、兔血以及血粉容易带致病的细菌，必须经过高温处理后熟喂。繁殖期用量占日粮中动物性饲料的10%～15%，育成期和冬毛期可占20%。血也有轻泻作用，喂量多了会引起下痢。

(10) 家禽下杂　鸡、鸭、鹅的头骨架以及爪、翅等都可以用来喂狐（图3－2）。禽骨架和爪不易消化，应熟制后绞碎喂，一般用量不超过日粮中动物性饲料的20%～30%。在银狐育成期和冬毛生长期，鸡下杂和鸡内脏可多利用些，应占动物性饲料的60%～70%（头30%、内脏20%、爪10%）；鱼或肉20%～30%；肝脏10%。

4. 动物性干饲料

常用的动物性干饲料有鱼粉、干鱼、肝渣粉、血粉、蚕蛹干

图 3-2　鸡骨架和鸡杂

和羽毛粉。

鱼粉：含蛋白质 40% ~60%，盐 2.5% ~4%。用新鲜的优质鱼粉喂狐，在日粮中占动物性蛋白质的 20% ~25% 时，幼狐采食、消化及生长发育均较正常。在非繁殖期的日粮中，鱼粉可占动物性蛋白质的 40% ~45%，其余由牛羊内脏、鱼类等饲料搭配。鱼粉含盐量高，使用前必须用清水彻底浸泡，浸泡期间换水 2~3 次。虽然目前的分析方法不能精确的评价鱼粉是否适合饲喂银狐，但经验表明，当鱼粉满足以下条件时就适合饲喂银狐：粗蛋白≥73%，粗脂肪≤10，水分 6% ~8%，灰分≤13，挥发性碱性总氮 120 毫克/100 克鱼粉，游离脂肪酸占粗脂肪的 10%左右。

干鱼：用干鱼养狐，关键在于干鱼的质量。优质干鱼可占日粮中动物性饲料的 70% ~75%，但不能完全用于鱼代替。因为鲜鱼在晒制过程中，某些必需氨基酸、必需脂肪酸和维生素遭到破坏。所以，在银狐繁殖期使用干鱼，必须搭配全价蛋白质饲料（鲜肉、蛋或奶、猪肝等），搭配量应不低于日粮中动物性饲料的 25% ~30%。在幼狐育成期和冬毛生长期饲喂干鱼，必须添加植物油，以弥补干鱼脂肪的不足。

血粉：质量好的血粉可用作银狐饲料。在幼狐育成期和冬毛生长期，日粮中血粉占动物性饲料的20% ~25%，并与海杂鱼、肉类副产品或兔头、兔骨架搭配，对银狐的生长发育、毛皮质量都无不良影响；但当其含量提高到30% ~40%时，会发生消化不良。饲喂血粉时喂量应逐渐增多，并经过煮沸处理后方可使用。

肝渣粉：是肝脏提取药物后的残渣，可作为蛋白质饲料。繁殖期可占动物性饲料的8% ~10%，幼狐育成期和冬毛生长期可占20% ~25%。如喂量过多，易发生腹泻。使用前先用水浸泡（夏季5 ~6 小时，冬季12 ~15 小时），然后再煮沸处理，与海杂鱼、肉类副产品等搭配。

蚕蛹干或蚕蛹粉：蚕蛹含有丰富的蛋白质和脂肪，营养价值很高，但同时也含有银狐不能消化的甲壳质，又缺乏无机盐和维生素，所以用量不宜过多。在繁殖期可占日粮中动物性饲料的20%，育成期和冬毛生长期占20% ~40%。使用前要彻底浸泡，除掉残存的碱类，经过蒸煮加工，然后与鱼、肉类饲料一起通过搅拌机粉碎，或先把蚕蛹粉碎后掺在谷物饲料中蒸熟。用蚕蛹喂狐应增加含维生素的青绿蔬菜，如能增加乳类和酵母，效果则更好。

羽毛粉：是经高温和酸化处理后制成的。羽毛粉含有丰富的蛋白质，含硫氨基酸特别丰富，对银狐的生长有良好作用。但羽毛粉含有大量的角质蛋白，不易消化吸收，通常是混入谷物饲料中熟制。冬毛脱换前，于8 ~9 月开始在日粮中加喂2 ~3 克羽毛粉，连续喂3 个月，不仅对冬毛生长有利，同时可预防自咬症和食毛症的发生。

5. 乳品和蛋类

（1）乳品　是全价蛋白质的来源，但其成本太高，人们一般多在银狐繁殖期和幼狐生长期使用。如果常年每只银狐每天喂给 15～20 毫升鲜奶最好。妊娠期一般每天可喂鲜奶 30～40 毫升，多者为 50～60 毫升，否则有轻泻作用。哺乳期保证鲜乳的供给，特别是产仔 10 天以后，对维持母狐较高的泌乳量有良好的效果。刚断乳的幼狐，日粮中利用 15% 的鲜乳，对其生长发育十分有利。特别是利用动物性干饲料的狐场，应用鲜乳的量可逐渐增加，对幼狐的生长发育作用更为明显。鲜乳是细菌生长的良好环境，极易腐败变质，特别是夏季挤乳后不及时消毒，放置 4～5 小时就会酸败。饲喂给银狐的鲜乳一定要加热（70～80℃，15 分钟）消毒后使用。无鲜奶可用全脂奶粉代替，溶解好的奶粉应尽量在 2 小时内用完，以防酸败变质。

（2）蛋类　鸡、鸭、鹅蛋是生物学价值很高的全价蛋白质饲料，同时含有营养价值很高的卵磷脂、各种维生素和无机盐。准备配种期的公狐每天每只用量 10～20 克，可提高精液品质。妊娠母狐和产仔母狐日粮中供给鲜蛋 20～25 克，不仅对胚胎发育和提高仔狐的生活力有利，还能促进乳汁分泌。蛋类必须熟喂，否则生蛋中所含有的卵白素会破坏饲料中的生物素，使银狐发生皮肤炎、毛绒脱落等疾病。孵化的废弃品（石蛋或毛蛋）也可以喂狐，但必须及时蒸煮消毒，保证质量新鲜，腐败变质的不能利用。其喂量与鲜蛋大体上一致。

（二）银狐常用植物性饲料及饲喂方法

银狐常用的植物性饲料主要包括农副产品、蔬菜、瓜果、野菜等。

1. 谷物饲料

谷物饲料是银狐日粮中碳水化合物的主要来源，常用的有玉米、高粱、小麦、大麦、大豆等。谷物饲料一般占银狐日粮总量的 10%～15%（指熟制品）。银狐对生谷物的消化率较低，所以必须膨化或者熟制膨化。谷物含水达 15% 以上时，容易发霉变质。变质的谷物严禁喂给银狐。

2. 植物饼粕类饲料

大豆饼、亚麻饼、向日葵饼和花生饼含有丰富的蛋白质，但银狐对植物性蛋白消化率低，因此在银狐日粮中利用不多。饼粕应蒸煮后熟喂，生喂不易消化。饲喂量不宜超过谷物饲料的20%，否则会引起消化不良和下痢。

3. 植物蛋白类饲料

（1）大豆蛋白　大豆蛋白已经在一些试验中使用，结果表明，豆粕可以替代一小部分蛋白。但有些实验也表明饲喂大豆蛋白的银狐毛皮表现出一些不良特性。根据生产经验，大豆只有经过加热处理才适合用作银狐饲料。这是因为大豆中含有抗胰蛋白酶，它是一种酶抑制因子，经过热处理就可以将这种酶破坏掉。非常少量的抗胰蛋白酶就能够干扰蛋白的消化吸收率，尤其干扰含硫氨基酸的消化吸收率，而含硫氨基酸是抗胰蛋白酶的第一限制氨基酸。通过对大豆进行热处理就可能能够避免这种对毛皮质量的不良影响。银狐仅仅会将大豆粉中20%的碳水化合物消化吸收掉。大豆粉经过特殊处理后，一些糖水化合物就会被抽提出来，随之产生的大豆浓缩物或分离物会更适合做银狐饲料。

（2）玉米蛋白　玉米蛋白是部分存在于玉米淀粉中的蛋白。玉米蛋白中含有较高量的含硫氨基酸，实验证明当玉米蛋白的添加量相当于20%的蛋白量时，有提高毛皮质量的作用。

（3）土豆浓缩蛋白　土豆浓缩蛋白即土豆淀粉被抽提后剩下的蛋白部分，它容易被消化吸收，不影响味觉，且含有一种优质的氨基酸复合物，它是一种新兴的、优质的银狐饲料。在银狐生长阶段我们可以在饲料中大量添加土豆蛋白（相当于总蛋白含量的40%）。

4. 果蔬类饲料

果蔬类饲料一般占日粮总量的10%～15%。常用的有白菜、甘蓝、油菜、胡萝卜、菠菜等。菠菜有轻泻作用，一般与白菜混合使用。未腐烂的次品水果也可代替蔬菜喂狐。早春缺乏蔬菜时，可采集蒲公英等野菜喂狐，可占日粮的3%～5%（味苦的不宜多喂）。夏秋季可适当利用瓜类和番茄类等，可占蔬菜的30%～50%。沿海地区可用海带、紫菜、裙带菜等喂狐。

（三）银狐常用添加类饲料及饲喂方法

常用的添加饲料有无机盐、氨基酸、维生素和抗生素。

1. 无机盐

骨粉：是银狐的钙、磷添加饲料。以畜禽内脏为主的日粮，每天每只应补充骨粉2～4克；以鱼为主的日粮，加1～2克为宜。

食盐：是银狐所需钠、氯的来源，必须常年添加，每天每只用量为0.5～0.8克。食盐过多时会发生中毒。

2. 氨基酸

蛋白质的营养实际上就是氨基酸的营养，蛋白质品质高低，关键取决于组成蛋白质的氨基酸种类和数量。当银狐所需的各种氨基酸，尤其是必需氨基酸的种类齐全、比例适宜，即日粮中的氨基酸达到平衡时，蛋白质才能发挥最大的效果，使银狐保持最大的生产性能，同时也避免了蛋白质资源的浪费。银狐的必需氨基酸包括蛋氨酸、赖氨酸、精氨酸、组氨酸、亮氨酸、异亮氨酸、苏氨酸、缬氨酸、甘氨酸、色氨酸和苯丙氨酸等。

蛋氨酸又名甲硫氨基酸，为含硫氨基酸，是产毛家畜的第一限制性氨基酸，赖氨酸是第二限制性氨基酸，这两种氨基酸对银狐的营养作用十分重要，其含量适当的提高，其他氨基酸的利用率也会提高。但是，必须注意氨基酸之间存在的相互拮抗作用，比如，日粮中赖氨酸的含量过高时，会导致大量的精氨酸从尿中排出，从而引起银狐精氨酸缺乏。因此，银狐日粮中添加适量的蛋氨酸和赖氨酸，并注意多种饲料搭配，使氨基酸达到互补平衡，这样可以明显提高蛋白质的利用率、促进银狐生长，并改善其产品品质。

因此，适宜的日粮蛋白质和氨基酸水平是保证银狐健康生长发育和正常生产性能的关键。含硫氨基酸在银狐饲养中起到十分重要的作用，因为银狐的生长发育需要大量的含硫氨基酸，而且补充添加相关氨基酸可以有助于改善饲料的转化率，比如，向以屠宰下脚料为基础组成的日粮中添加0.2%的DL－蛋氨酸和L－盐酸赖氨酸后，分别使雄性银狐和雌性银狐的饲料转化率提高18.2%和28.3%。银狐饲料中主要氨基酸推荐添加量见表1。

表1　银狐饲料中几种氨基酸推荐的添加量

氨基酸	占粗蛋白百分比（%）	氨基酸	占粗蛋白百分比（%）
赖氨酸	6.0	组氨酸	1.9
蛋氨酸	2.1	亮氨酸	6.8
苯丙氨酸	4.2	异亮氨酸	3.2
精氨酸	6.8		

3. 维生素

在此主要介绍几种哺乳期母狐需要添加的维生素。

维生素A：每日按每千克体重500国际单位的量补充是最低的标准，哺乳期的需要量应以产仔数量作为倍数计算，才能满足泌乳的需要。

维生素D：每天的供应量以母狐每千克体重50国际单位比较合适。

维生素E：每日每千克体重需要3～5毫克。

B族维生素和维生素C也是泌乳期母狐所必须的，应适量提供。

4. 抗生素

在银狐饲养上常用的抗生素有粗制土霉素和四环素等。抗生素对抑制有害微生物和防止饲料腐败具有重要意义。目前使用的饲用粗制土霉素（每千克含纯土霉素 35 ~ 38 克），主要在饲料不新鲜时投给，特别是夏季，能预防胃肠炎，提高饲料利用率，并促进幼狐的生长发育。在银狐妊娠、哺乳和幼狐生长期，如果饲料新鲜程度较差，可加入土霉素或四环素。成年狐每天每只 0. 3 ~0. 5 克，最高不超过 1 克（相当于纯土霉素 10 ~ 20 毫克）；断乳幼狐 0. 2 ~0. 3 克（相当于纯土霉素 9 ~10 毫克）。注意不应长期饲喂抗生素饲料，因为长期使用能使银狐产生抗药性。

三、银狐配合饲料及饲喂方法

（一）配合饲料定义及配方制定方法

所谓配合饲料，是根据银狐各生物学时期的营养需要，用多种饲料按一定比例混合加工而成的，营养成分均衡，生物学价值较高的一类饲料。这种饲料中各种营养成分齐全，比例合适，使用后能提高饲料利用率，降低饲料消耗。根据饲料组成的物理状态可将配合饲料分为配合鲜饲料和配合干饲料。配合鲜饲料具有适口性好，消化利用率高的优点，但其原料保存和加工成本较高。配合干饲料含水量低（在 12% 以下），便于运输和贮存，使用起来比较方便，但适口性较差，在银狐繁殖期尽量避免使用配合干粉饲料。

配制银狐配合饲料，首先，必须掌握银狐各生长时期对各营养成分的需要量。无论是鲜饲料原料还是干饲料原料，在配制配合饲料时必须要了解饲料原料中各营养成分（蛋白质、脂肪、能量、钙、磷等）的含量，最好进行实际测定，没有条件的可以参考《中国饲料成分及营养价值表》。饲料配制完成后，要对配好的饲料进行随机测定，以监测所配制的饲料是否满足该时期银狐的营养需求。

1. 日粮配方的拟定原则

（1）保证营养需要　银狐在不同饲养时期对各种营养物质的需要量不同，在拟定日粮配方时要根据实际饲料原料的热能及各种营养成分的含量，按照银狐相应时期的营养需要，尽可能达到日粮标准的要求。

（2）合理调剂搭配　拟定日粮配方时，要充分考虑当地的饲料条件和现有的饲料原料种类，尽量做到营养全面，合理搭配。特别要注意运用氨基酸互补作用，满足银狐对必需氨基酸的需要，提高日粮中蛋白质的利用率。既要考虑降低饲养成本，又要保证银狐的营养需要和适口性。

（3）避免拮抗作用　各种饲料的理化性质不同，搭配日粮时，互相有拮抗作用或破坏作用的饲料要避免同时使用。

（4）保持相对稳定　在配合日粮时，还要考虑过去的日粮营养水平、狐群的体况以及存在的问题等，同时也要保持饲料的相对稳定，一定要避免突然改变饲料品种，否则会引起银狐对饲料的不适应而影响生产。

2. 日粮配方的拟定方法

饲料单是日粮标准的具体体现，目前主要有以重量和热量为计算依据的两种方法，现分别介绍如下。

（1）热量法　该法是以热量为依据来计算的，现以拟定100只银狐妊娠期饲料单为例：

第一步，确定日粮热量标准及各种饲料的热量比例。

参考日粮标准，每天每只狐应供给热能为1 130千焦。根据饲料种类和质量确定海杂鱼占能量的40%，熟猪肉占17%，猪肝占8%，牛奶占7%，混合谷粉占22%，大白菜占2%，饲料酵母占4%。

第二步，根据各种饲料的能量比例，计算每418.7千焦能量中各种饲料的相应重量。

查各种饲料营养成分表（参见金盾出版社《毛皮兽养殖技术问答》）得知，每100克海杂鱼的能量为351.7千焦，那么167.5千焦（在418.7千焦中海杂鱼占40%）相当于海杂鱼的重量为：167.5×100/351.7=47.6（克）。以此类推，即可计算出每418.7千焦中各饲料原料的相应重量分别为：海杂鱼167.5千焦，47.6克；熟猪肉71.2千焦，5.9克；猪肝33.5千焦，6.7克；牛奶29.3千焦，10.6克；玉米面92.1千焦，8.6克；白菜8.4千焦，14.3克；饲料酵母16.7千焦，1.8克；合计为418.7千焦，95.5克。

第三步，计算每天供给每只银狐的饲料总量。

在第二步中，已算出418.7千焦所需各种饲料原料的数量，妊娠期银狐需要的能量为1 130千焦，故将各种饲料在418.7千焦热量中的相应重量乘以2.7，就可以得到日粮中的重量。即：海杂鱼47.6克×2.7≈129克；熟猪肉5.9克×2.7≈16克；猪肝6.7克×2.7≈18克；牛奶10.6克×2.7≈29克；玉米面8.6克×2.7≈23克；白菜14.3克×2.7≈39克；饲料酵母1.8克×2.7≈5克；合计为95.5克×2.7≈259克。

第四步，核算日粮中可消化蛋白质的含量。大型狐还要定期核算脂肪和碳水化合物的含量。具体方法与核算蛋白质相同。

查各种饲料原料的营养成分表，以日粮中各种饲料的重量乘该种饲料的蛋白质含量（%），即得出日粮中各种饲料所含有的蛋白质数量，合计为日粮中的总蛋白质数量。

即：海杂鱼129克×13.8%=17.8克；熟猪肉16克×23.1%=3.7克；猪肝18克×17.3%=3.1克；牛奶29克×2.9%=0.8克；玉米面23克×9%=2.1克；白菜39克×

1.4% =0.5 克；饲料酵母 5 克×38% =1.9 克；合计为 29.9 克。

由于每只妊娠期银狐每天需要可消化蛋白质为 25～35 克，可以证明日粮中蛋白质的含量可以满足此期银狐的营养需要。

第五步，计算全群 100 只银狐每天所需的饲料量，然后以 4∶6 的比列分配早、晚用量，即形成最终的饲料配方单。

（2）重量法　该法是以重量为依据计算的。现以拟定 100 只妊娠后期母狐的饲料单为例。

第一步，确定日粮重量标准及饲料品种比例。

根据日粮重量标准表，每天应供给混合饲料 320 克。确定其中海杂鱼占 50%、牛肉 10%、牛奶 5%、鸡蛋 3%、玉米粉 10%、白菜 12%、水 10%。每天每只另添加酵母饲料 3 克、骨粉 2 克、维生素 A 1 000国际单位、维生素 D 100 国际单位、维生素 B_1 2 毫克、维生素 B_2 0.5 毫克、维生素 C 20 毫克、维生素 E 4 毫克、食盐 0.5 克。

第二步，计算每只银狐每天供给各种饲料的重量如下（每种日粮的标准×日粮的重量比=日粮重量）：

海杂鱼 320 克×50% =160 克；牛肉 320 克×10% =32 克；鸡蛋 320 克×3% =9.6 克；牛奶 320 克×5% =16 克；玉米面 320 克×10% =32 克；白菜 320 克×12% =38.4 克；水 320 克×10% =32 克；合计为 320 克。

第三步，验证日粮中可消化蛋白质的含量。

查饲料营养成分表，以日粮中各种饲料的重量乘该种饲料蛋白质的含量（%），再累计相加，即得出日粮中蛋白质的数量。即海杂鱼 160 克×13.8% =22.1 克；牛肉 32 克×20.6% =6.6 克；鸡蛋 9.6 克×14.8% =1.4 克；牛奶 16 克×2.9% =0.5 克；玉米面 32 克×9% =2.9 克；白菜 38.4 克×1.4% =0.5 克；合计为 34 克。

由于妊娠后期每只银狐每天需要的可消化蛋白质为 25～35

克，所以该日粮中的蛋白可以满足母狐妊娠后期的需要。

第四步，计算全群100只银狐每天所需的饲料量，并按4：6分配早、晚用量，即形成最终的饲料配方单。

配合鲜饲料和配合干饲料配方拟定的原则基本相同，但在具体配制时需要注意一些细节。

（二）配合鲜饲料和配合干饲料的注意事项

饲料调制前应进行品质、卫生鉴定，严禁利用来自疫区和变质发霉的饲料。新鲜的动物性饲料也要进行充分洗涤和通过蒸煮彻底消毒，冷冻饲料需经解冻后再进行洗涤。母狐临产前后的饲粮要搭配科学，不仅应保持妊娠期的营养水平，还要在产后的饲粮种类搭配方面下功夫，不仅要营养充足，还要多样化。母狐产后可以根据产仔数量适当地增加鸡蛋、奶粉、鸡肝和鸡肠等易消化的饲料，其饲粮组成为：蛋白质55克、脂肪20克、碳水化合物50克，每只母狐每日可提供鱼类200克、谷物50克、蔬菜75克、乳类130克、骨粉10克、酵母10克、食盐2克。产后1周母狐的食欲恢复，随着哺乳量的增多母狐的采食量逐渐增加，要及时按比例适当地增加种类，还要调整饲喂的数量。饲料加工要认真，因有仔狐争吃，要细磨细调。饲料调制方法主要有绞碎和蒸煮两种。因饲料种类不同，调制方法各异。

1. 配合鲜饲料

银狐饲料采取科学的加工方法，是减少养分损失，保持饲料质量，增加适口性，达到无害处理的一项重要技术措施。因此，初次养狐的养殖户一定要掌握好银狐饲料的科学加工技术，实行科学饲喂，以满足银狐的营养需要。饲料的加工顺序，一般先动物性饲料，后谷物饲料，再青饲料，最后添加滋补饲料。其加工步骤分清洗、粉碎（绞碎）、搅拌3道工序。

鱼类饲料的加工：海杂鱼，鲜者洗净后，干者浸泡后，可直接加工生喂；淡水鱼，为防止寄生虫感染，需蒸熟后加工饲喂。鱼类饲料加工前，都要进行挑选和处理：一是挑出毒鱼和变质鱼，对内脏有毒的鱼要去掉内脏。二是对无鳞鱼，应用少量盐水或草木灰擦洗，然后用清水冲洗 2～3 遍，即可去掉体表黏液，因黏液中含有硫胺素酶，能破坏 B 族维生素。三是对咸鱼要在清水中浸泡变淡后再加工。经挑选处理后，除海杂鱼外，都要熟制，待冷却后用绞肉机加工 2～3 遍，即可用来喂狐。

肉类及畜禽下脚料饲料的加工：各种肉类和动物内脏，在加工前也要进行挑选：重点是把那些色泽不正常的肉和内脏挑出，对疑似有传染病的要立即送兽医部门检疫，证实无疫病的方可饲喂。新鲜的肉可直接用绞肉机加工后饲喂；隔夜的肉必须熟制后，再加工饲喂；对变质腐败的肉和内脏要杜绝饲喂，防止喂后发生中毒。健康动物血可生喂或煮熟喂，但不宜过量，繁殖期喂量可占日粮动物性饲料的 10%～15%，幼狐育成期占 30% 左右。

蛋类饲料的加工：喂狐的蛋类都要熟喂，既可整个蛋煮熟去壳后绞饲，也可先把蛋打入碗中经搅拌后，放入锅中炒拌或倒入沸水中略煮片刻后捞出，然后绞碎拌入饲料中饲喂，对毛蛋（孵化后雏鸡死于蛋内的蛋）更要煮熟后饲喂。

鲜奶的加工：鲜奶要先用 60℃ 的水浴消毒半小时，或者煮沸瞬间后饲喂。奶粉要将奶粉放在少量温开水中搅匀，然后再加温开水稀释 7～8 倍。

蔬菜类的加工：喂狐的蔬菜一定要新鲜，喂前要去掉黄、老、腐烂的部分，然后洗净绞碎饲喂。被农药污染的蔬菜则不能拿来喂狐。

谷物饲料的加工：玉米、小麦、稻谷及豆类等谷物饲料，都要先磨成面粉，然后把面粉和水按 1∶1 的比例拌匀，做成窝头或饼子蒸熟，上绞肉机加工后饲喂。或者将玉米面、麦麸、豆饼等按比例混合在一起放进锅里，应分熟制，加温到 100℃，保持

5 分钟后，冷却至 37 ℃以下再与其他饲料混合。

待各种饲料加工好后，充分搅拌均匀方可喂狐。在搅拌过程中可适当加些水，一般加水 15%，达到半流质或浆糊状即可。最后，由饲养人员分放于银狐食盘中喂给。大型的养殖企业一般配备喂食车，在配制鲜饲料时添加适量的饲料黏合剂，饲喂银狐时可以直接将鲜饲料放在笼子顶部。值得注意的是：银狐饲料应现加工现饲喂，以确保饲料品质新鲜，使狐群健康生长。

2. 配合干饲料

配合干饲料的配制原料与配合鲜饲料基本相同，但由于配合干饲料适口性较差，将其用于银狐饲养一直备受争议。据报道，美国一些养殖场已经开始将颗粒状干饲料用于银狐饲养，但丹麦的养殖者对颗粒状饲料在银狐中的应用一直保持谨慎的态度。中国大型的养殖企业目前也都采用配合鲜饲料，部分小型养殖户会将配合干饲料添加到鲜饲料中饲喂银狐。在当今饲料原料短缺的形势下，配合干粉饲料逐渐显现出一定的优势，一些饲料企业也在着手银狐配合干饲料的研究和开发。

建议商品狐尽量饲喂配合干粉料，仔狐和种兽尽量饲喂配合鲜饲料。饲料新鲜是提高仔狐成活率的基础，要逐日增加饲料量，让仔狐吃得饱长得快。需要注意的是当饲喂干饲料时必须给予银狐大量优质充足的水。另外，如果在银狐哺乳期和从生长早期到 8～10 周龄这段时间喂养时，干饲料必须软化并用水混匀。

第四章　银狐繁育小窍门

狐是季节性、单次发情动物，间情期很长。狐只能在繁殖季节才发情、排卵、射精等完成交配受精，一般1胎产仔数为4～6只。在非繁殖季节公母狐的繁殖系统都处于静止状态。公狐睾丸在4～9月处于静止，9月初睾丸开始发育，重量和体积都有所增加，接近1月时，睾丸重量可达5克左右，并能产生成熟精子，有交配欲望，此期也是银狐的配种期，可持续到3月底。交配完成后，睾丸迅速萎缩，性欲减退。母狐的生殖系统在夏季也处于萎缩状态，从9月初，母狐的卵巢逐渐发育，到11月黄体消失，同时滤泡增长迅速。母狐的阴道、子宫随着卵巢的发育而发生变化，到1月，母狐卵巢内已形成成熟的卵子。

人工饲养的幼狐一般在9～11月龄时性成熟，但根据营养状况、遗传等因素而异，母狐往往比公狐稍晚一些，出生较晚的幼狐约有20%第二年不能发情。此外，由国外引入的狐，引进当年大多数发情较晚，繁殖力较低，可能占到50%，这是由于没有适应当地的饲养管理条件，并非性成熟迟缓。可根据公、母狐的生殖器官发生的变化和外在表观变化来判断发情状态。

银狐的发情期为1～3月上旬，怀孕期为52天（49～57天），4～6月产仔。母狐妊娠后变得温顺平静，食欲增加，妊娠35天左右后，可看见母狐的肚子膨大并有所下垂。后期，母狐乳房发育很快，快到产仔期，可清楚见到乳头。此时，狐对外界声响非常敏感，一定要注意保持狐场的安静。根据狐发情的早晚，其产仔期也不相同，多数在3月下旬到4月下旬产仔。母狐临产前减食或拒食，拔掉乳头周围的毛，产仔多在夜间或清晨，一般 1 ~ 2 小时。仔狐出生后，由母狐咬断脐带，并舔干身上黏液，大约 1 ~ 2 小时，仔狐便可爬行并寻找乳头吃乳。

一、银狐的发情鉴定

公狐的发情鉴定比较简单，当进入繁殖季节，会频繁发出“嗷嗷”的叫声，这就是狐的求偶声。此外，发情期的公狐采食量下降，活泼好动，对放进同笼的母狐表现出很大的兴趣。在试配时，当把母狐放入公狐笼内，开始嗅闻母狐外阴部，公狐向笼内四周频繁排尿，并于母狐嬉戏玩要，当母狐表现温顺时，则将尾部抬起等待公狐交配。这时公狐爬跨在母狐背上，并用前肢搂住母狐腰部，臀部不断抖动，进行交配，有的一次可成功交配，有的需要多次爬跨才能交配成功。公狐射精时眯起眼睛，后躯抖动加快。射精后，立即从母狐身上滑下，背向母狐，但公狐的阴茎仍滞留在母狐阴道内，呈链锁现象，这是犬科特有的交配现象，此即证明交配完成。公母狐链锁时间长短不等，一般为20 ~ 30 分钟。如果没有出现链锁现象，或链锁时间太短，则说明未成功交配。母狐的发情鉴定较为复杂，非繁殖期母狐外阴部被阴毛覆盖，不易发现，到发情初期阴毛才分开。银黑狐发情延续 5 ~10 天，但真正接受配种的发情旺期较短，银黑狐持续仅 2 ~ 3 天。在生产实践中，主要根据母狐外阴部变化、阴道分泌物涂片及试配观察，并借助于测情器进行发情鉴定。

（一）母狐外阴部变化

这是鉴定母狐发情，进行自然交配的一种常用方法，在不同的发情阶段，母狐的外阴变化如下。

发情前期Ⅰ：母狐外阴部开始肿胀、突起，阴毛分开，阴门外露，阴道流出具有特殊气味的分泌物，表现躁动不安。该期持续 2 ~ 3 天，个别母狐持续一周左右。

发情前期Ⅱ：阴门肿胀严重，肿胀面较平而光亮、硬而无弹性。阴道分泌物颜色较淡。与公狐放在一起时，开始有性兴奋的表现，但公狐试图交配时又拒绝，此期持续 1 ~ 2 天。

发情期：外阴部肿胀减轻，肿胀面不如前期光亮，上部有轻微皱褶，有粗糙感，触摸时柔软。阴唇外翻，阴蒂外露呈粉红色，并有黏稠的白色分泌物。食欲减退，甚至厌食 1 ~ 2 天。此期母狐愿与公狐接近，在一起玩耍时，母狐温顺，把尾翘向一边，安静地站立等候交配。公狐表现也相当活跃、兴奋，频频排尿，不断爬跨母狐，经过几次爬跨后即可达成交配。该期银黑狐持续 2 ~ 3 天。对于初次发情的母狐不像上述情形那样典型，可根据放对试情的情况灵活掌握。

发情后期：外阴部开始萎缩，弹性消失，肿胀减退，阴毛合拢，外阴部颜色变深，对公狐表现戒备情绪，拒绝交配。一段时间后，阴裂变小，阴门被阴毛覆盖，进入乏情期。

幼龄母狐的外阴变化不如成年母狐明显，不能按照上述方法来判断其发情状态，应根据母狐的试情状态灵活掌握。

（二）阴道涂片

此法是用于鉴定母狐发情比较有效的方法，可根据阴道内容物中的细胞种类和形态来准确判断母狐的发情阶段，在人工授精时常采用这种方法进行诊断。阴道分泌物主要有 3 种细胞：角化圆形上皮细胞，角化鳞状上皮细胞和白细胞。角化圆形上皮细胞为圆形或近圆形，绝大多数有核。角化鳞状上皮细胞边缘卷曲不规则，有核细胞和无核细胞都有，随着发情期的发展，无核的细胞增多。阴道涂片中，经染色处理，在显微镜下，可见大量无核的角化上皮细胞，这也是母狐进入发情期的标志。具体做法如下：用灭菌的棉签或吸管插入母狐阴道 5 ~ 8 厘米，擦取阴道内容物，涂在玻片上，用巴氏法进行染色，再在显微镜下观察。根据涂片中的白细胞、有核角化上皮细胞和无核角化上皮细胞所占的比例来判断母狐的发情状态。在实际生产中，以行为观察和外阴变化为辅，以试情和阴道分泌物涂片为主要方法来判断母狐的发情时期。

发情前期：阴道涂片中有大量有核角化细胞，少量无核角化细胞。

发情期：阴道涂片中以角质化无核细胞居多，有核上皮细胞少量存在。

发情后期：阴道涂片出现有核细胞和白细胞。

（三）测情器法

用测情器判断母狐的发情状态，在养狐业较为发达的北欧国家、美国和加拿大等应用较多，特别是一些以人工授精为主的养殖场，测情器成为输精时间的重要判断方法。该方法是将测情器探头插入母狐阴道内，读取测情器值，根据连续多次的测定数据，确定母狐的排卵期。应用此法时，要动作迅速，读数准确。利用测情器一定要每天在相近的时间内进行测定，每天测一次，当测情器的数值持续上升至峰值后，又开始下降时，为最佳的交配或输精时间。另外要注意测情器探头的清洁卫生，及时消毒，防止交叉感染及疾病的传播。

发情前期：测情器数值银黑狐一般150左右。

发情期：测情器显示适宜数值时（据国外资料，银狐交配成功的数值一般在200～600，集中于400左右，即可进行交配。

发情后期：回落到发情前期的水平。

二、银狐的配种技术

狐的配种方法除了人工授精外，常用的是自然交配。自然交配又分为合笼饲养交配和人工放对交配。合笼交配在国内很少采用，国内养殖场主要采用放对交配，以减少公兽的数量，银黑狐公母比例通常为1：(2.5～3)。

（一）放对交配

平时公、母狐分开饲养，在发情期将公母狐放在一起进行交配，交配后再将公母狐分开饲养。根据母狐行为变化和外生殖器变化仅能初步判断母兽发情，还要利用放对试情来确定母狐是否真正发情并能成功接受交配。选择发情较好、性欲较强的公狐来试情。试情时将母狐放入公狐笼中，经过一段时间嬉戏后，如果母狐能接受公狐爬跨，证明母狐已进入发情期，此时可以使用试情公狐完成交配，也可将他们分开，用其他公兽完成交配。如果母兽拒绝爬跨，躲避甚至咬扑公狐，则母兽还没有到发情期，可能还在发情前期，要将母兽取出，留心观察，试情1～2天。

公狐比母狐主动，接近母狐时，通常先嗅母狐的外阴部，与母狐嬉闹。一段时间后，发情的母狐表现温顺，站立不动，尾巴翘起，等待交配。公狐经过几次爬跨后，多半能达成交配。但有些幼狐在配种期发情表现不太明显，这类发情称为“隐性发情”。也有的母狐虽然外阴部变化较明显，但是，拒绝交配，很难判定是否有二次发情期。这类母狐应过夜放对试情，根据公母狐的性行为表现，估测母狐的发情状态。当母狐与公狐同置一笼过夜时，不但能促进性欲，还能在夜间无任何干扰的情况下达成交配。

放对配种应选择天气凉爽的早晨或傍晚，此时公狐比较活跃，精力充沛，性欲旺盛，母狐发情也较明显，易于交配成功。此外，应把母狐放入公狐笼内进行交配。如果把公狐放入母狐笼内，公狐要先熟悉周围的环境，才能进行交配，往往影响交配的效果。1只公狐1天可配2只母狐，但交配间隔时间要3～4小时。公狐一般能配5～6次，多者可达16～18次，连续配4次后停放1天。应保证优质的饲料和充足的饮水，并加3%～5%的鲜肝或鸡蛋。

一般放对时间应在15分钟内，时间不要太长。同时注意不要让公母兽咬伤。有些母狐有择偶表现，一旦有强烈的择偶表现时，应立即更换公狐。但也不要换的太频，容易使母兽厌配。对于未到发情期的母狐要勤于观察，不要急于放对。

（二）配种方式

狐是自然多次排卵动物，所有滤泡并不是同时成熟和排卵，最初和最后一次排卵有一定的时间间隔，银黑狐一般为3天。银黑狐在发情后的第1天下午或第2天早上开始排卵。故一般采取连续复配（1+1+1）的方式，即连续3天进行交配，国内饲养场通常采用这种方式进行配种。也有采用隔日复配（1+2+1或1+1+2）的方法。即初配后的第2天复配或连续2天交配后隔日再复配的方式，以便最大可能的提高母狐的受胎率。

（三）提高繁殖力的综合措施

影响狐交配繁殖的因素很多，主要包括狐的品种，种狐的年龄和体况，以及饲养管理水平。只有性状优异的种狐才能产生出优良的后代，种狐的品种质量是影响狐繁殖力和狐个体品质，以及其后代品质的关键因素。因此，一定要选择个体性状优异的个体作为种狐。要从狐的年龄和体况入手进行选择，一般幼种狐的产仔数和产仔成活率都比经产种狐低，种狐的最佳繁殖年龄是

2～4岁，尽量选择此年龄段的狐作为种狐。在繁殖期，种狐的体况也是非常重要的因素，过肥或过瘦对交配和繁殖都不利，一定要注意此期间种狐的饮食调整，加强公狐的营养水平。在配种期，对母狐选用不同种狐进行多次交配，要不少于3次，能一定程度上提高母狐的产仔率和产仔成活数。

三、银狐的人工授精

人工授精是通过采集公狐精液，利用器械将精液输到发情母狐的子宫里，以达到狐正常交配而完成配种的方法。在人工放对结果不理想时，比如，处于发情期的母狐放对时，虽然有兴奋表现，但公狐试图交配时，母狐却拒绝或咬斗不停。有的母狐虽温顺，外阴部变化也明显，但不抬尾，很难达成交配。对这类母狐一定要抓紧时间使其在2～3天内受配，通常采用人工授精的方式。此外，为了快速扩大良种的群体，也采用人工授精的方法。1只公狐在整个配种期内采集的精液量，可供50～100只母狐授精，国外一些养狐场采用人工授精技术，受胎率可达85%。

人工授精包括采精、精液品质检测、精液稀释、发情鉴定和人工输精。

（一）采精

人工采精一般每日采一次，隔日再采或连续采2次后休息2天。采集精液的方法有徒手采精法、电刺激采精法和假阴道采精法。

徒手采精法：将公狐绑定在保定架上，使公狐呈站立姿势，采精人员用手快速有规律地按摩阴茎及睾丸部，待阴茎勃起后，捋开包皮，将阴茎拉向后方，根据公狐的反应，连续不停地按摩阴茎球部。用另一只手的拇指或食指轻轻按摩龟头尖端部位，无名指和掌心握住集精杯。该法简单，不需要太多的器械，仅需公狐保定架或有其他人员辅助保定即可，故此法也是较常采用的方法，一般 1 分钟左右即可采完精液，采精到的精液品质好，密度大，活力强（图 4－1 至图 4－7）。

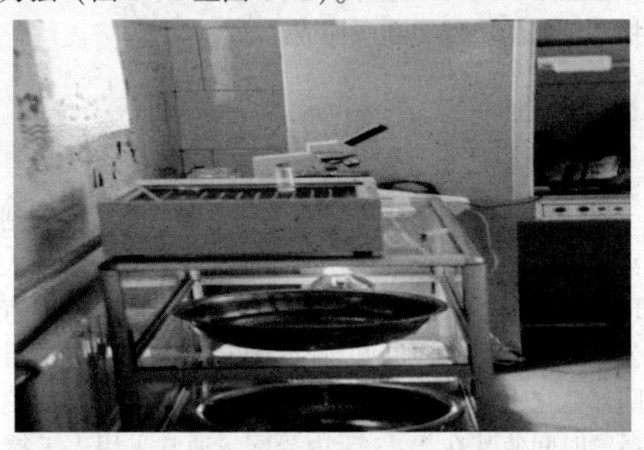

图 4－1　采精操作间

图 4－2　银狐采精保定架

采集到的精液要立即用等温的稀释液 1：1 稀释，并马上镜检，根据精液的活力和密度进行稀释。一般公狐在体力充沛，营养良好的情况下，每日可采精 2～3 次，中间可间隔 1 天。采精一只公狐的精子可输 5～8 只母狐。

电刺激采精法：是用直肠探棒，通过直肠壁将电刺激传至射

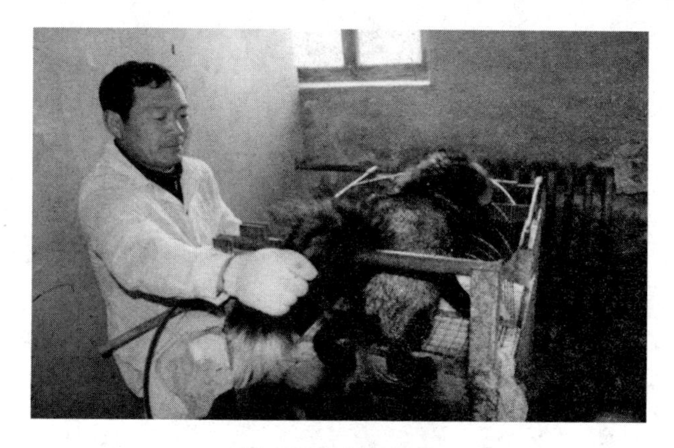

图 4－3　银狐保定

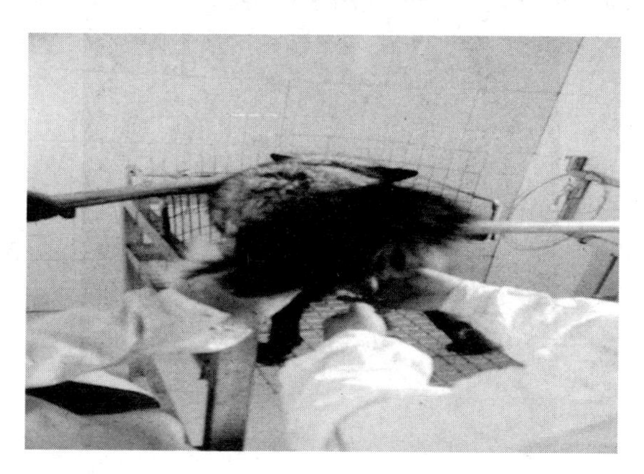

图 4－4　采精前按摩阴茎龟头

精系统，一般将采精仪探针插入直肠约 15 厘米处，选择适宜的电压或电流强度，断续刺激性中枢神经，引起性器官收缩而射精，然后用集精杯收集精液。该法可以使每一只处于发情期的公狐射精，但对公狐有明显的不良影响。

假阴道采精法，国内养殖场使用的假阴道一般都是由羊用假阴道改进而成。利用发情母狐诱发公狐勃起后，导入假阴道内使

图 4－5　银狐徒手采集

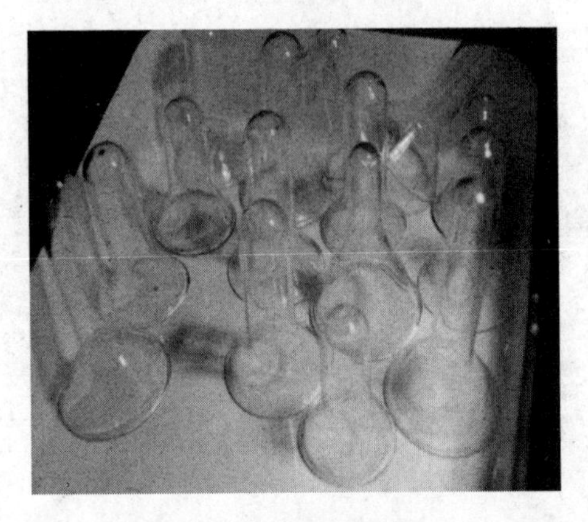

图 4－6　消毒的采精杯

其排精。但该法需要对种狐进行调教，由于狐的野性比较强，调教的工作量大。因此，该法现在采用的较少。

采精前的准备工作：保定架、集精杯、显微镜、稀释液、载玻片、盖玻片、纱布、玻璃棒、酒精灯、输精针、注射器、阴道扩张器、加热器等。采精前要将采精杯、输精管等器械煮沸消毒，待凉后，用生理盐水冲洗备用。采精室环境要安静，温度

图 4－7　消毒后的采集器

22～25℃，操作人员要剪短指甲，用消毒水消毒。

（二）精液品质检查（图 4－8）

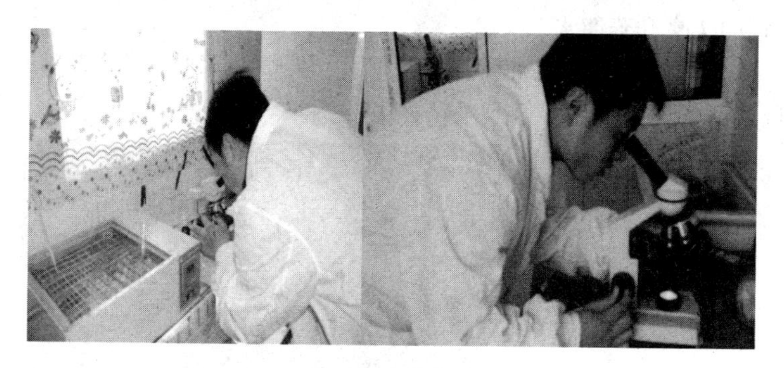

图 4－8　精液镜检

精液品质检查是狐配种期中一项非常重要的工作，不仅要对人工采精的精子品质进行检查，而且还要对自然交配后的精子品质进行检查。狐的射精量为 0.5～2.5 毫升，精子数目为 3 亿～6 亿个，精子的品质影响着整场的产仔数，要对精子密度、活力和畸形率等进行检查。对于自然交配的，要用常约 15 厘米的吸管插入到刚交配完的母狐阴道内 5 ~7 厘米处，吸取少量液体，涂在载玻片上，放在显微镜下观察。精子密度大，多数呈直线运动，形似蝌蚪，头尾分明则精液品质正常。如果精子数较少，死精子多，不呈直线运动而呈圆周运动时，则精液品质差。

对于人工采精的，要吸取少量的精液，涂在载玻片上，置于显微镜下观察，判断精子的活力、密度等是否符合要求。经过镜检后，根据精液品质和母狐的输精量来确定稀释倍数，确保每只母狐每次所输的精子数量不少于 3 000万个。如果在较短时间内使用，可采用常温保存，但保存时间不超过 3 小时。短时间内用不完或者不用，应低温保存或冷冻保存。

（三）精液稀释

精液稀释液：葡萄糖 6. 8 克加入 2. 5 毫升甘油、0. 5 毫升卵黄和 97 毫升蒸馏水。

精液稀释强，要将稀释液放在 40℃ 水中加热，按稀释倍数取适量的稀释液慢慢倒入采精杯中（图 4 -9），轻微晃动使之均

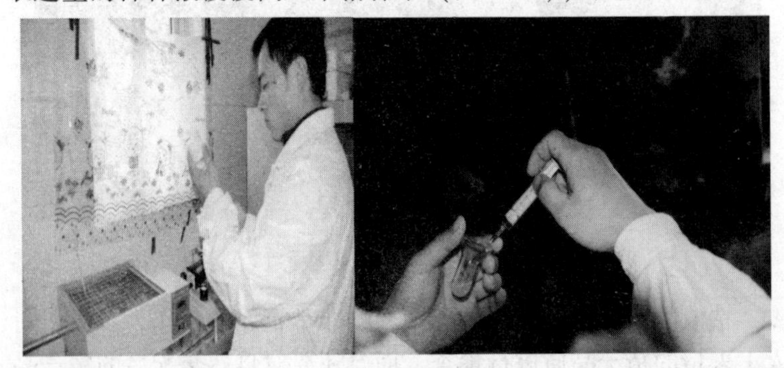

图 4 -9　抽取稀释液

匀。再取少量稀释后的精液在显微镜下检查精子密度，如果稀释

过度，则要在输精时适当增加输精量。稀释完的精液最好当日输完，如果不能输完，应加入冷冻剂，低温或冷冻保存。

（四）输精（图4－10至图4－13）

图4－10　输精室

图4－11　输精器械

输精前，要将输精器进行消毒处理，准备好保定架等工具。输精针应该每只狐狸1支，防止交叉感染和疾病传播。如果精液

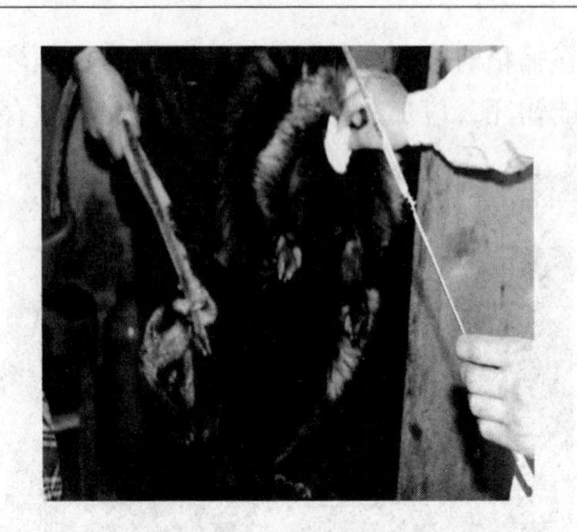

图 4－12　银狐外阴消毒

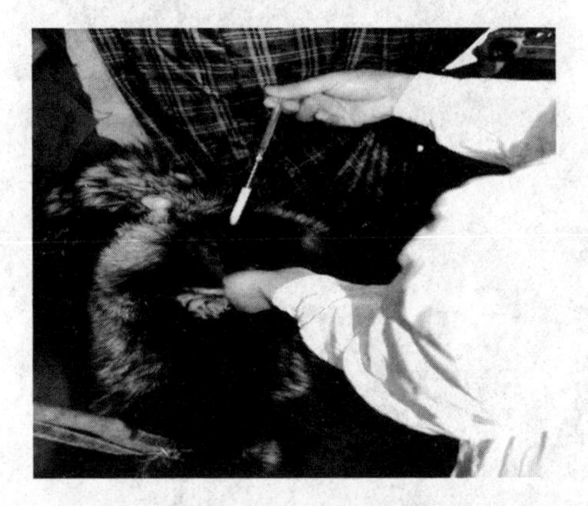

图 4－13　银狐输精

是鲜精，可以直接输精；如果是低温或冷冻保存，应该置于30～40℃的温水中升温或解冻。

常用的输精器具有输精针和气泡式输精器。由于输精器很难对准子宫颈口，精液直接进入子宫的几率低，因此很好采用。大多数采用输精针输精，先将母狐固定，一手持输精针，另一只手握住子宫颈口位置，引导输精针插入，从而直接将精液输入到子宫内，受胎率高。输精次数和间隔时间视公狐的精子质量和母狐的发情状况而定。精子在母狐体内能存活 24 小时，母狐排卵能持续 3 天。因此，必须连日或隔日复配，连续配 3 次，才能提高受胎率。此外，也可根据精液品质情况而定，精液品质一般的，可间隔 24 小时输 1 次，连续输 3 次。精液品质优良的，可间隔 48 小时输 1 次，连续输 2 次即可。掌握母狐的排卵时间是保证输精成功的关键。

（五）人工输精注意事项

1. 种公狐选择

一只优良公狐的精液可授精多只公狐，为确保子代性状，必须精选种公狐。用于采精的种狐要根据经济性状的优良等级以及性状的遗传力等因素，选择性状优异的作为种狐。

2. 输精母狐选择

母狐也要选择性状优异的个体，还要选择好输精时间。狐是季节性、单次发情动物，一年仅有一个发情期，而且发情期很短，银狐能持续 2～3 天，错过最佳的输精时间，直接影响产仔数。所以一定要注意观察，随时检查母兽的发情状况，通过阴部形态变化、阴道涂片等方法，确定输精时间，同时也要增加输精次数，一般不少于 3 次，以提高母狐的受胎率和产仔数。

3. 采精授精设备消毒

采精和授精场所要用紫外灯照射灭菌，各种器械要消毒；集精杯、输精针等要用生理盐水冲洗，防止疾病传播和交叉感染。

4. 操作要熟练

操作人员要经过专门培训，避免生硬和长时间操作，造成公母狐生殖部位的损伤。输精时一定要将输精管插入子宫口内，从而能将精液直接释放入子宫内，以提高母狐的受胎率。

（六）产后保活

母狐受配后，进入妊娠期。不同地区狐的妊娠期不同，平均为51～52天，初产母狐比经产母狐的妊娠期稍短一些。妊娠前半期胚胎发育较慢，受精卵在12～16天后才着床，胚胎开始发育。30天后可以看到腹部膨大、稍有下垂，各种器官已长成。胎儿后期发育很快，腹围明显增大。此时母狐对周围出现的异物、异常的声响和陌生人都较为敏感，表现出惊恐状态，影响胚胎的正常发育，易造成流产等。即便是产仔后，也要注意外周的环境，保持养殖区安静，一定不要再笼舍周围制造巨大的声响或给母狐造成强烈的刺激使母狐受到惊吓。禁止外来人员参观，一定不要对母狐造成惊吓，以免出现母狐弃仔、拒乳，甚至吃小崽的情况。

母狐产仔期处于3月下旬到4月上旬，大部分养殖地区的气温还比较低，特别在夜里。然而，母狐产仔一般多在夜里，所以要事先做好产箱的保暖工作。在寒冷的北方，垫草要早放、多放并四角压实。在温度稍高的山东、河北等地，垫草不用太厚。

产仔后，要及时进行产后检查，一般在产后5～8小时进行。检查内容包括：产仔数、产仔成活数、健康状况、乳头及活动情况，仔狐吃奶及母狐吃食情况。健康仔狐在窝里抱成一团，拿在手中挣扎有力，身体温暖，发育匀称，很少有叫声，偶尔听到洪亮有力的吱吱声。体弱的仔狐大小不一，绒毛潮湿，在窝里散乱，拿在手中挣扎无力，叫声嘶哑，腹部干瘪。对这一类狐，要悉心照料，遇到母性不强的，不会照料仔狐的，其仔狐要找其他母性较强而且奶水充足的母狐代养。有些母狐由于检查而引起不安，出现叼起仔狐乱走的现象，此时检查人员应该马上离开，或将其哄入产箱，减少对母狐造成恐慌和不安。

四、种银狐日常饲喂管理

（一）准备配种期日常饲喂管理

种银狐自9月至翌年1月中旬为准备配种期。前期（9月初到11上旬）银狐的生殖器官由静止进入活动期，与繁殖有关的内分泌活动增强。母狐的卵巢开始发育，公狐的睾丸也逐渐增大。后期（11月中旬到1月中旬）公狐可采到成熟的精子。因此，准备配种期是为配种打基础，如果喂不好，银狐会出现不发情、配后不孕及少产仔的现象。

1. 准备配种期的饲养要点

成年种银狐经历前一个繁殖期，体质还比较差，育成种狐还处于生长发育阶段。因此，在准备配种前期，饲养上应以恢复成年种银狐体质，促进育成狐生长发育，利于冬毛的成熟为重点。准备配种后期主要任务是平衡营养，调整体况。

银狐合成维生素的能力很差，几乎所有的维生素都需要饲料提供，故要注意饲料多样性，并保证新鲜。如果维生素A缺乏，尿结石发病率会提高。维生素E是狐狸生长和繁殖是必需的，特别是当饲料质量较差时，需添加维生素E。狐狸的日粮中，矿物质的需要量也不能忽视。钙和磷约占干物质重的0.5%，食盐是钠和氯的主要来源，添加0.5%为宜，此外还要适当添加铁，避免出现铁缺乏症。

准备配种期除供给营养全价的饲料外，还要根据银狐体况，掌握其采食量，防止自由采食而出现过肥。另外，应增加公狐的日照和运动时间，将公母狐换笼，或接近，进行必要的性刺激，促进母狐早发情。

2. 准备配种期的管理要点

保证光照，没有规律地增加或减少光照会影响银狐生殖器官的正常发育和毛绒的正常生长。

供足饮水，缺水会使银狐出现干渴、食欲减退、消化功能减弱、抗病力下降，严重时会导致代谢紊乱，甚至死亡。

严格选种，淘汰个别营养不良或患有疾病的种狐。

做好体况的鉴定和调整工作。种狐的体况与繁殖力有极密切的关系，过肥过瘦都会降低繁殖力。特别是在 11 ~ 12 月应注意观察体况，将其控制在中上等水平。如出现过肥过瘦现象要查找原因，并及时采取措施。鉴定种狐体况，一般是饲养人员凭经验目测，或通过触摸、称重来进行。鉴定体况一般在 12 月初进行。

目测鉴定：观察狐体躯，特别是后臀是否丰满，运动灵活性，皮毛光泽及精神状态等来判断。臀部宽平或中间凹陷为过肥，臀部曲线如弧形为适中。

触摸鉴定：触摸背脊部、肋部及后腹。过肥，狐脊平，肋骨不明显，后腹圆厚；过瘦，则脊柱、肋骨突起，后腹空松；中等体况，介于两者之间。

称重鉴定：不同狐群、不同个体间，体重存在较大差异。可采用体重指数法来确定其肥瘦。银狐体重指数为 1 厘米长的体重为 80 ~ 90 克。

异性刺激，公、母狐在交配季节，合理摆放笼箱有利于配种和延长种公狐交配时间，多配种。配种前公狐应摆放在向阳处，可横摆一排或几排，还可与母狐笼串插摆放，以利小公狐观摩学习。母狐挂好牌号，笼箱摆放在向阳处，以利促进早发情。公狐与母狐达成交配后，说明公狐已发情，可将公狐摆在阴凉处，以利延长公狐发情时间。公、母狐笼可自成排，不必穿插摆放。但要让其互相能看到，嗅到对方气味，公、母狐不可互相隔绝。促进公狐发情或延长公狐发情时间。一般不用性激素，以防精子质量不好，可用中药调解，中药要在发情中、前期喂。参考配方如下：淫羊藿叶50克、枸杞20克、黄精20克、首乌20克、肉苁蓉20克、巴戟天20克、菟丝子20克、锁阳30克、山萸肉30克、韭菜籽250克，共研成细沫，每天每只公狐用3～5克，掺在饲料中饲喂，天天掺，不要等公狐已经没有性欲后再喂。也可请兽医师出中药配方饲喂，对症下药，因地制宜。

加强运动，采取多种方式，促进银狐运动，增加活动量，使银狐食欲增强，体质健壮。运动能促进种狐正常发情，使其性欲旺盛。公狐配种能力强，配种才能顺利。

消炎与驱虫，消炎：在配种前7～10天对疑有病种狐进行消炎。方法：拜有利0.5～1毫升肌内注射，每天1次，连用3天；或青霉素80万单位肌内注射，每日2次，连用3天。经过配种前消炎，消除公、母狐的炎症，以利发情怀孕。驱虫：配种前20天左右要驱虫，用通灭、伊维菌素、阿维菌素等，用法参照说明书。要驱虫2次，每隔7天1次。

作好选配计划。配种开始前（1月初）做好人员安排，准备好记录卡片、抓狐钳、捕网、手套、显微镜等配种期的用品。配种前准备工作做好后，要计划好公、母选配组合，不要配时乱抓，无目的随意配对。配种前再一次严格淘汰有病不适合种用公、母狐，这点很重要，因为有病种狐不能发情、配种，而且还会传播疾病。选配原则采用体大公配体大母，体大公配体中、小母，毛色毛质好公配毛质毛色好母，毛色毛质好公配毛色毛质一般母，老公配老母，老公配小母，小公配老母，杜绝近亲交配。

（二）配种期饲喂管理

银狐从1月中旬到3月上旬为配种期。此期是银狐饲养管理的第一个关键环节。如在此期掌握不好，将影响全年的养殖收益。

1. 营养和饮水供应要充足

配种期公母狐由于性欲兴奋，体力消耗大，大多数种狐体力下降。此期一定要保证营养供应充足，供给优质全价、适口性好、易于消化的饲料，以保证公狐有旺盛、持久的配种能力和良好的精液品质；以保证母狐正常发情，适时配种。配种期的日粮搭配（每只每日饲喂量）：鱼类200~250克，肉类50~100克，谷物类70~100克，乳类50~70克，补饲维生素A 2 500单位，维生素E 5~10毫克，维生素D 300毫克，维生素$B_1$20毫克，维生素C 30毫克，食盐1.5~2毫克。对参加配种的公狐，中午要补饲一次，喂给一些肉、肝、蛋、奶等优质饲料。饮水供应要充足，保证每日饮水不少于4次，饮水一定要清洁卫生。

2. 公母狐利用要合理

在配种期合理利用好公母狐，直接关系到配种进度和当年的繁殖效果。

配种次数要合理。在正常情况下，一只种公狐可配种4~6只母狐，能配8~15次，每天可利用2次，其间隔时间应为3~4小时。为了保证受胎率，还要进行复配，复配要连日或隔日进行，一般2~3次为宜，过多易引起子宫内膜炎，甚至造成空怀或流产现象。

放对要科学。配种时的放对方法采用人工放对，观察配种的方法一般是将母狐放入公狐笼内，但对性情急躁的公狐或性情胆怯的母狐也可将公狐放入母狐笼内交配。放对时间一般在早晨，对发情好，但在早晨还没有放对成功的，可在傍晚凉爽时再放对。要抓住阴天、有风、天气较冷时放对，天热时公狐性欲不强，应少放对。

休息要充分。为防止公狐利用过频，造成配种能力和精液品质下降，对性欲旺盛的公狐应适当控制，公母狐每日除放对、喂食、饮水外，其余时间应尽量让其休息，连续配种4次的公狐应休息半天或一天。

3. 日常管理工作要搞好

做好配种前公母狐的检查工作。母狐的发情检查要 2 ~ 3 天一次，对已接近持续发情的母狐要天天进行细心检查或放对。对首次配种的公狐还要进行精液品质检查，以确保受配母狐的受胎率。

狐场要保持安静。狐的嗅觉、听觉都非常灵敏，易受惊，受惊后公母狐长时间不愿互相接近，尤其是公狐很可能因此失去配种能力。所以，应始终保持狐场安静，不要随便更换管理人员，饲养人员观察时，也不要靠近笼舍。

做好其他日常工作。配种前，要随时检查笼舍，及时搞好维修，以防种狐逃出。要经常观察狐群食欲、粪便、活动等情况，做到心中有数，及时采取措施。勤换垫草，及时清除粪尿块，始终保持狐场清洁卫生与干燥。此外，要认真做好配种记录。

五、妊娠期的饲养管理

（一）妊娠期的饲养

妊娠期的母狐既要保持自身的新陈代谢，又要满足胎儿生长发育的营养需要，这一时期要给母狐提供优质新鲜、适口性强、易消化的营养全价饲料。母狐妊娠期营养水平全年最高，这一时期营养的好坏，直接关系到母狐是否空怀和产仔多少，关系到仔狐出生的健康，特别是妊娠 28 天以后的妊娠后半期，这个时期胎儿生长快，吸收营养多，妊娠母狐的采食量逐渐增加，对日粮的能量要求较高，但是，约有 30% 的母狐配种后 10 ~ 25 天会发生厌食、拒食、呕吐等不适现象，称之为“妊娠反应”。短期厌食、拒食、呕吐对胎儿发育影响不大，如果长时间不吃食，则会出现营养不良，直接影响胎儿的正常生长发育，甚至使胎儿发育中断。发生妊娠反应的主要原因在于饲料，妊娠母狐饲料要多样化，适口性好，应多喂青菜类，如黄瓜、番茄、白菜，生喂新鲜的猪肝、牛肝，并补给酵母，每只母狐补给30毫升酸牛奶。总之，在母狐妊娠期，应从调整饲料营养全价，选用微量元素和多种维生素饲喂和环境管理等多方而采取综合措施，保证胎儿的正常生长发育。

1. 母狐妊娠期日粮营养

母狐妊娠期对添加剂和蛋白质缺乏非常敏感，稍有不足，便产生不良影响，如胎儿被吸收或流产等。为满足母狐对蛋白质的需要，日粮中动物性饲料不能低于50%；植物蛋白质含量高的饲料不能低于8%。调制口粮要多样化，做到营养全价、品质新鲜、易消化、适口性强，严禁喂腐败变质的饲料，日粮中要有足够的维生素和矿物质微量元素，并要补给硫酸亚铁、锰、锌、亚硒酸钠等、饲料浓度要稍稀如粥样。妊娠后期日喂3次，早晚喂食，中午补给30~50克牛肉、50克鸡蛋和少量白糖。母狐配种前要补给优质饲料，适当增加日粮中优质蛋白质含量，有利于提高排卵数，但在配种期给予蛋白质不宜过高，高水平营养会增加胚胎死亡率。

2. 按标准补给微量元素和多种维生素

应每天补给2次，微量元素和维生素缺乏或不足都会在短期内引起动物厌食或拒食，影响母狐发情、排卵、受胎、妊娠，影响公狐精子活力、密度和配种能力，直接影响公母狐的繁殖率。因此，从准备配种期开始就必须注意微量元素和维生素的补给，以满足营养的需要，防止母狐厌食，保证季节性公母狐发情，正常繁殖。

（二）妊娠期管理应注意的问题

1. 经常观察母狐的食欲、消化和精神状态

发现问题要及时查找原因和采取措施，如个别怀孕母狐厌食或食欲减退，偶尔拒食，但精神状态正常，鼻镜湿润，应是妊娠反应，不会影响到胎儿。对母狐妊娠期发生厌食或拒食应具体分析原因，针对性地采取应对措施，如消化问题或胃肠不适，可加喂健胃消食片、酵母片、乳酸菌素粉，长期饲喂含有硫胺素酶的淡水鱼或某些海鱼，会破坏维生素 B_1，要考虑维生素 B_1 缺乏，适当补充维生素 B_1。日粮蛋白质水平升高，色氨酸、蛋氨酸或其他氨基酸含量过多，也会增加维生素 B_1 的需要量。母狐繁殖期的高蛋白质饲料存放时间长，易导致维生素 B_6 缺乏症，维生素 B_6 不足会导致公狐出现无精子现象，从而引起母狐空怀。为了预防本病发生，应全年补给，要求日粮中维生素 B_6 含量标准是 100 克干物质中不少于 0.9 毫克。预防妊娠母狐发生 B 族维生素缺乏症，除保证饲料中含量外，还应注意饲料脂肪氧化及长时间贮存，B 族维生素被破坏和损失。当母狐发生厌食或拒食时，可注射复合维生素 B $_2$毫升/只，每日 2 次，连续 3 天。

2. 妊娠前期饲料组成

肉或鱼 45%、玉米面 40%、乳品 10%、蔬菜 5%；妊娠后期饲料组成，肉 35%、玉米面 20%，鱼 30%，乳品 10%，蔬菜 5%。根据怀孕母狐数量计算饲料量，饲料现调现用。

3. 按时记录

母狐初配日期、复配日期、预产日期、一般母狐怀孕 52 ~ 54 天产仔，做好记录，便于做好母狐临产前的准备下作。

4. 准备好产仔箱

母狐配种 20 天后应把已消毒的产仔箱挂上、不要打开产仔箱小屋门，临产前 10 天再打开小屋门垫草，垫草用大锅蒸 20 分

钟，晒干后再垫。一般 12 月初应不间断的为银狐提供垫草，以防止银狐不适应垫草，把草拉出窝室外。垫草时应一次垫足，防止产后缺草临时补垫草使母狐受惊。狐产仔时天气较冷，产箱可用彩条朔料布包好，即保温又可防雨水。

5. 创造安静的环境

严禁各种动物进入狐场和谢绝外人参观。银狐在妊娠末期和产仔泌乳初期，对外界反应特别敏感。人员不能大声喧哗，粗暴操作，仔狐出生前 15 天笼底粪便不要清理。在繁殖期应对可能出现的应激要加以预防。

6. 妊娠期要经常查看笼舍

查看笼和产仔箱有没有损坏，水槽内水是否清洁等。还要观察怀孕母狐的临床表现。妊娠 15 天，外阴萎缩，阴蒂收缩，外阴颜色变深；初产母狐乳头似高粱粒大，经产母狐乳头为大豆粒大，外观可见 2～3 个乳盘；喜睡，不愿活动，腹围不明显。妊娠 20 天，外阴呈黑灰色，恢复到配种前状态；乳头开始发育，乳头部皮肤粉红色，乳盘放大；大部分时间静卧嗜睡，腹围增大。妊娠 25 天后，外阴唇逐渐变大，产前 6～8 天阴唇裂开，有黏液；乳头发育迅速，乳盘开始肥大，粉红色，外观可见较大的乳头和乳盘；母狐不愿活动，大部分时间静卧；腹围明显增大，后期腹围下垂。

7. 假孕的预防

做好断奶母狐的短期全价饲料，刚断奶隔离的母狐，应强化断奶后的饲养管理，适量补充蛋白质饲料。秋季 10 月要进行 1 次驱虫，每年 1～7 月进行犬瘟热、病毒性肠炎的疫苗注射。对于膘情差的母狐，要在膘情得到有效恢复后再进行配种。如果母狐是异常发情，不要急于配种。观察准确后在自然状态下正常发情后，再进行本交或人工授精。仔细观察母狐配种后的行为，发现假孕母狐及早隔离单喂。预防母狐生殖器官疾病，母狐配种或人工授精后，母狐阴门流脓或流脓血时，往子宫输入80万单位青霉素2支，每天1次，连续往子宫内输入5天青霉素，母狐可痊愈。需要注意的是，对母狐不能用激素类药物催情，如果用了催情药，母狐外阴部肿胀，发情明显，接受公狐爬跨，但是母狐不排卵，即使交配上种或人工输精后也不会受孕。

六、产仔泌乳期的饲养管理

产仔泌乳期是指从母狐分娩到仔狐断奶分窝这段时间，大约8周，此期的中心任务是产仔保活，促进仔狐生长发育。这个时期工作的好坏，直接影响养殖者一年的经济效益，因此，做好银狐产仔泌乳期的饲养管理工作十分关键。

（一）产仔泌乳期的饲养

此期应加强母狐的饲喂，充分保证泌乳和自身的营养需要。临产前后饲粮搭配，不仅应保持妊娠期的水平，还要在产后的饲粮种类搭配方面实行多样化，可以根据产仔数量适当增加鸡蛋、奶粉、鸡肝脏和鸡肠等易消化的全营养饲料，其饲养标准为蛋白质55克、脂肪20克、碳水化合物50克，每只每日可提供鱼类200克、谷物50克、蔬菜75克、乳类130克、骨粉10克、酵母10克、食盐2克。产后一周后母狐的食欲恢复，随哺乳量增多而逐渐增加，应及时按比例适当增加种类，每日还要调整增加饲喂数量。另外，还需添加维生素。银狐所需维生素约13种。维生素A来源于动物饲料肝、肾、鱼肝油和脂肪，植物饲料中只含有维生素A原（胡萝卜素），银狐的大肠将维生素A原转化为维生素A的能力差，必须从饲料中摄取，每只每日按每千克体重500国际单位的量补充。维生素D性质稳定，参与体内钙、磷的吸收和代谢，通常不易被热破坏，存在肝脏和鱼肝油中，每天的供应量以每千克体重 50 国际单位。维生素 E 是银狐繁殖必需的，具有抗氧化作用，防止不饱和脂肪酸氧化，牛肉羊奶，鸡蛋，大豆油中含量丰富，每日每千克体重需要 3～5 毫克。维生素 B_1 是硫胺素参与碳水化合物代谢，缺乏时易发生神经症状。维生素 B_2 是核黄素，参与蛋白质、脂肪、碳水化合物的代谢，有促进银狐生长发育的功能，缺乏时易发生脓肿，抵抗力下降，背毛褪色变淡。维生素 C 抗坏血酸在酸性环境中比较稳定，促进和修复生殖机能细胞及牙齿骨骼发育，有防止白血病的能力，一般的蔬菜中都含有，缺乏时易患“红爪病”。

（二）产仔泌乳期的管理

1. 产仔前的准备工作

银狐妊娠期一般为 52 天（48～58）天，临产前 5～10 天要做好产箱的清理、消毒、垫草和保温等工作。产箱可用 1%～2% 的 NaOH 溶液或 3%～5% 的来苏尔溶液洗刷，也可用喷灯火燃进行物理消毒。产箱要结实，光线要弱，用太阳晒好的柔软杂草絮窝，保证其保温、吸水等，现在大多用专用产褥。

2. 分娩时的处理

母狐在产仔前一般会拒食 1～2 顿，叼草、拔毛、频频出入产箱等反常活动。如果母狐出现临产征兆，可采取视频监控观察。产仔一般在夜间或清晨，分娩过程可持续 1～6 小时，多数为 2～3 小时。如有母狐产前表现出惊慌不安，频频出入产箱，有腹痛症状，且有羊水流出，但长时间不见胎儿娩出的情况，或是胎儿卡在生殖道分娩不出来，均有发生难产的可能，此时要果断采取助产措施。如果发现难产并且子宫颈处于张开状态时，可进行人工催产，即用脑垂体后叶素 0.2～0.5 毫升或用催产素2～3 毫升进行肌内注射。若 2～3 小时还未产出，需进行人工助产。

将母狐外阴消毒，向阴道内注入甘油润滑阴道，助产者的手清洗消毒后用手将胎儿轻轻拉出。若使用助产或催产方法都不见效，可进行剖腹取胎。

剖腹产手术前，将母狐仰面用保定架保定。无保定架，可用办公桌、饭桌代替保定架。在桌子上面垫上塑料布或卫生纸，把母狐四肢保定好，嘴用绳保定好；在腹部下 2/5 处用剃须刀将手术部位的毛刮光，碘酊消毒、酒精脱碘，盖上消毒好的创布；用盐酸普鲁卡因，沿切口皮下注射局部麻醉；在手术时，刀口长度以 10 厘米左右为宜，在子宫上避开子宫顺切 6 ~7 厘米即可取出胎儿。取出的胎儿立即剥去胎衣，挤出鼻、口中的黏液，擦干胎儿身上的羊水，左右手托起仔狐，做人工呼吸。剪去肚脐带，长度留 10 厘米长即可，将其放在 25 ~30℃ 的保温箱中。胎儿全部取出后，往腹腔及子宫中撒青霉素粉 80 万国际单位，缝合子宫、腹膜和皮肤。

3. 产后检查

产后检查是产后保活的一项重要措施。产后检查时要细心、谨慎、不动仔狐、不带异味，避免母狐受惊吃仔狐。以后根据具体情况，采取听、看、检等方法进行产后检查和监控。

听是听仔狐的动静和叫声，仔狐吃饱初乳即进入沉睡，很少嘶叫，小室内很安静，只在醒来未吃到奶时才叫，叫声短促有力，一旦找到母乳便不叫，仔细听，可听见仔狐有力的吮乳声，这说明一切正常。

首先看母狐的食欲，母狐食欲正常，精神饱满，除吃食外，整天都在产仔箱护理仔狐极少出来活动；其次看母狐乳头，若母狐按时给仔狐哺乳，乳头周围干净、红润，有乳痕迹，均属正常。最后还要看仔狐活力，健康的仔狐活泼好动、皮毛色泽亮和身体状况好。

检仔：就是打开产仔箱直接检查仔狐情况，健康的仔狐一般在窝内抱团沉睡，大小均匀，胎毛色深有光泽，浑身红润、圆胖、有弹性。而软弱或缺乳仔狐分散在产仔箱四处乱爬，浑身干瘦，胎毛无光泽，身体潮湿而发凉，拿在手中挣扎无力，腹部松软，叫声软弱。发现以上问题应立即采取适当措施，检查动作要快，防止母狐受惊，叼仔。对于经产的、有抚育仔狐经验的母狐，产仔后不必急于开箱检查仔狐情况，可以通过窃听，判断仔狐是否正常。产后仔狐很平静，产箱中完全寂静的时候，轻微的一阵响声就可使母狐不安，离开原处而引起仔狐的叫声。如果总是听到仔狐嘶哑的叫声，母狐在产箱内不安宁，经常走出产箱，说明仔狐吃不饱，或母狐泌乳有问题，这时必须开箱检查仔狐情况。对于初产母狐最好在产仔结束后，马上检查仔狐。母狐一般在产后一两天内护仔性不强，可在给母狐喂食时，开箱查看仔狐情况。几天后再开箱检查，容易发生母狐叼仔乱跑的情况。如母狐产仔是在清晨或白天，仔狐检查应在产仔结束后 3 ~4 小时内，假如分娩是在晚间进行，要在清晨喂食时检查。只有在天气恶劣的情况下（下大雪、严寒的时候）或母狐很恋窝，赶不出来的时候，检查仔狐才会延期。

4. 母狐乳腺的护理和仔狐代养

如果发现仔狐吃不饱，要抓出母狐检查其乳腺发育情况，泌乳正常的乳头有弹性，乳腺非常饱满，轻微加压有乳汁从乳头里排出来。如果母狐乳腺发育不良，乳头很小，又挤不出乳汁，说明该母狐泌乳不正常，应对其仔狐进行人工哺乳。有些初产母狐产前不会拔掉乳头周围的毛，使仔狐找不到乳头而不能哺乳，这时应帮助母狐拔掉乳头周围的毛。如果母狐产仔数少，而乳腺又过发达，乳汁丰富，仔狐不能吸住过分充满的乳腺（仔狐吸乳是将乳头和乳腺全都吸入口中的）。乳腺的涨痛，可使母狐急躁不安，不趴在产箱内，开始搬弄仔狐。在母狐乳汁过多时，母狐乳腺触摸起来往往感觉很硬，时常发烫。在这种情况下，可以把过多的乳汁从乳腺里挤掉。挤乳方法是先按摩乳头附近，然后再按摩整个乳腺。在挤乳时，应在乳腺上涂少许无气味的凡士林或其他油脂。给母狐挤完乳后，应使母狐侧卧，并将仔狐放在母狐乳头附近，帮助它们吮乳。当仔狐可以正常吮乳后，母狐便会安静下来，此时可以把它们放回产箱。对于母乳过多的母狐，最好的办法是增加几只仔狐让其代养。如果没有代养的仔狐，要缩减母狐日粮，并在日粮中减少促进产乳的饲料，如蔬菜和乳类饲料。当母狐产仔数较多，泌乳量不够时，饥饿的仔狐会发出尖锐的叫声，并且总叼着干瘪的乳头吵闹母狐，会引起母狐急躁不安，搬弄或叼仔。在这种情况下，应挑选健壮仔狐让其他母狐代养，或是全部分出代养。或是在饲料中加大量的乳类和蔬菜，缺乳的母狐多食欲不振，应当给它们以多样性的饲料，增加适口性，促进其进食。在检查母狐泌乳量是否充足时，还应注意到是否仔狐吮过乳。仔狐吮过乳后检查母狐泌乳量只有少量乳排出，乳腺萎缩，只要仔狐安静地卧着，腹部很饱满，说明一切正常。有时会出现初产母狐乳头发育小，新生仔狐不能含住，吸不到乳，遇到这类情况，可把日龄较大的仔狐置于该母狐的乳下，让仔狐把部分乳腺含在口里，并用力吮吸，把乳头拉长，就可以使新生仔狐含住乳头哺乳。

5. 人工辅助喂养

母狐产仔后受惊，叼咬仔狐时，可将仔狐立即取出来，进行人工辅助饲养，将仔狐放入保温箱内，可将母狐人工保定好，让仔狐自己吮乳。4～7 日龄仔狐每日哺乳 6 次，哺乳时将体弱的仔狐放在乳汁充足的乳头上让其吮饱。仔狐吮乳后，应用卫生纸或酒精棉球擦仔狐肛门和尿道口，模仿母狐舐仔狐动作，刺激仔狐排尿、排粪；否则，易使仔狐造成胀肚死亡。10 日以后再将仔狐放回原产仔箱内，让母狐自己带养，以保证仔狐发育整齐、健康。喂养初生仔狐时，可在消毒的鲜牛奶中加入少许葡萄糖、维生素 C、B 族维生素和抗菌素，用吸管或特制的乳瓶喂养。

6. 防止食仔、叼仔

银狐人工驯养的历史不长，还保持很大的野性，特别是在产仔期，当受到外界刺激时，容易出现叼仔现象，轻者把仔狐咬伤，重者可把全部仔狐吃掉，给养殖户带来很大损失。防止母狐叼仔最关键的措施是保持狐场环境安静。母狐配种后，要安置在较安静的地方，不要经常移动。产前做好产仔的准备工作。提前铺好垫草，检修产箱和笼舍，遮雨棚要安牢、不漏雨、刮大风不产生响动。产仔期用固定的饲养人员负责喂养产仔的母狐，喂食时动作要轻，不要产生突然的声响。叼仔现象多发生在母狐产后第 3～10 天。引成母狐叼仔的原因有多种，如果是环境不安静引起的叼仔，环境一旦安静下来，母狐就会停止叼仔；但有时环境安静下来母狐还没停止叼仔，可将母狐关在产箱内 20～30 分钟，一般母狐会平静下来停止叼仔，如果母狐仍不安静，可将母狐和仔狐分离一段时间（一般 1～2 小时），母狐叼不到仔狐，慢慢也会平静下来。对仍不见效的母狐，可以饲喂或肌内注射氯丙嗪，连续给药 2～3 天可见效。

七、仔银狐日常饲喂管理

仔银狐指断奶分窝至长成成狐这段时期。仔狐生长发育很快，食欲好，代谢旺盛，饲料利用率高，对日粮要求营养全价，饲料质量好。此期饲养得好坏，直接关系到预备种狐翌年能否参加繁殖、皮兽能否达到标准尺码和质量要求。

（一）仔银狐饲养要点

①刚断奶的仔狐要喂营养丰富、易消化的饲料，绞制要细，调制要匀，饲料中还要添加一些助消化的药物，如胃蛋白酶、酵

母片等。仔狐的消化机能尚不健全，要控制饲料中的脂肪含量，严禁投喂酸败的饲料，保证水盆内经常有清洁的饮水。

②刚断奶的仔狐离开母狐，不适应新的环境，食欲下降、鸣叫、躁动不安、怕人等，所以分窝后尽量少惊动，按性别2～3只放在1个笼里饲养，到80～90天改为单笼饲养。分窝后头10天不能立即更换饲料，日粮仍按哺乳期日粮标准供给。当仔狐习惯于独立生活后，可改变饲料，按仔狐饲养标准给予日粮。

③仔狐断奶后头2个月是生长发育最快，除饲料保证一定水平不变外，要根据仔狐食欲状况不断增加饲料量，并按标准供给维生素A、维生素D、维生素B或维生素C，满足仔狐生长发育的需要，这样才能培育出优良种狐，生产出上乘的皮张，提高经济效益。

④从9月初到取皮前，应在日粮中适当增加脂肪和含硫氨基酸的含量，以利于仔狐冬毛的生长和体内脂肪的积累。若气温太高，早饲提前到太阳出来之前进行，晚饲拖后饲喂。

⑤仔狐成长是催大个的关键阶段，提倡干混饲料与自配鲜饲料混合搭配，以增加干物质的采食量，促进仔狐的生长发育。混合饲料宜稠不宜稀，干混饲料加水量以2～2.5倍为宜，最多不超过3倍。日粮饲料配方一般动物性饲料占52%、豆饼占5%、谷物类饲料占35%、蔬菜占5%、酵母3%。

（二）仔狐的管理要点

1. 断乳分窝

断乳分窝前，应根据狐群数量准备好笼舍、食具及用具，设备要进行清洗和消毒。适时断乳，有利于仔狐的生长发育和母狐体质的恢复。如果断乳太早，仔狐独自生活能力差，对外界环境特别是饲料条件很难适应，易出现生长受阻；如果断乳过晚，仔狐间常常出现争食、咬架现象，影响弱仔的生长，母狐体况也很难恢复，且浪费饲料。正常情况下，仔狐出生后8周龄（55～60天）即可断乳分窝。分窝时间应根据母狐泌乳量及其母仔关系而定。多数母狐因泌乳量减少，拒绝仔狐哺乳而提前断乳，但仔狐哺乳不应少于45天。断乳后，仔狐由于离开母狐和同伴，大都表现应激反应，如不吃食、嘶叫、行动不安和怕人等。所以，在分窝后，使仔狐尽量安静。

2. 仔狐换齿

仔狐在4月龄时开始换乳齿，这时有许多仔狐不能正常采食。此时应检查仔狐的口腔，对已活动但尚未脱落的牙齿，用钳子拔出，使仔狐恢复食欲。

3. 认真选种

选种分初选、复选、终选3个阶段。初选应在分窝时进行，根据母狐的哺乳和仔狐的生长发育情祝，初步选择母狐产仔多、仔壮、仔大的留种，兼顾其父母的毛色、毛质。初选种狐要与皮兽分开饲养，标准要比皮兽高。复选在9月；11月取皮季节，做最后一次决选，一切不符合留种要求的都要淘汰，选个体大、毛色正、健壮的留种。

4. 作好记录

分窝后按笼挂签，登记谱系，以备选种时用。

5. 作好“八防”

仔狐的生长是疾病多发时期。除供给足够优质的饲料按食欲逐渐增加饲料量以满足其生长发育的需要外，还要认真做好仔狐生长期的“八防”工作，以提高仔狐的成活率、提高经济效益。

防红爪病（又称维生素C缺乏症）狐患红爪病症状表现为四肢水肿、关节变粗、足垫红肿变厚。对发病狐可补喂3%～5%维生素C溶液，每只每天1毫升，每天分2次用滴管喂给，每次给5～10滴，直到水肿消失为止，也可将维生素C加入饲料中喂给仔狐。

防食毛症，又叫秃毛症，在饲料里补喂微量元素，达不到每天补喂量，就会出现食毛现象。

防疫情：仔狐分窝3周后，首先注射犬瘟热和细小病毒肠炎疫苗，否则一旦发生全群死亡，将造成重大的经济损失。这两种疫病只能预防不能治疗，所以在仔狐断奶分窝后一定要及时注射疫苗，注射的剂量一定要足，体重3～5千克每只每次注射2.5毫升。注射疫苗15天后产生抗体，仔狐会获得较强的免疫能力。

防肠炎：肠炎对仔狐的危害非常大。仔狐生长期正是多雨季节，天气闷热，有时阴雨连绵，高温潮湿是各种肠炎的多发时期。如果饲养管理差，就会导致仔狐的死亡，甚至造成大批仔狐死亡。因仔狐刚刚断奶独立采食，胃肠消化功能尚不健全，还应补喂一些助消化、防肠炎的药物，如土霉素粉或土霉素片、奎乙醇等药物。发现肠炎早治疗，如治疗不及时，死亡率非常高。

防感冒：仔狐生长后期，天气逐渐变凉，特别是北方地区，昼夜温差大，注意下大雨大气，不能把仔狐淋湿。如果仔狐被雨水淋湿后，会感冒而引起肺炎。大风降雨天气仔狐笼周围要用编织袋挡好。

防自咬：自咬病是狐的常见病，每年都有少量的仔狐发生该病，轻者大腿两侧毛咬掉，重者咬开大腿内侧的皮肉而死亡，对养狐业的危害较大。该病一旦发生，每大每只仔狐补喂噻庚定片，每日3次，每次1片；或喂颠茄片、维生素B_1，各1片，每日2次；或喂氯丙嗪、扑尔敏各1片，每日2次。

防中暑：仔狐断奶单独饲养，正值气候炎热的季节，每年都有部分仔狐中暑死亡。因此，要采取措施，做好仔狐遮阳避暑工作。在盛夏时给仔狐喂适口性好且较稀的饲料，饮水要充足，每只仔狐补喂维生素C 20毫克、脂肪20克，以缓解热应激反应。要搭遮阳棚，把狐放到阴凉处，避免阳光直射到仔狐身上。要降低饲养密度。遇高温天气可向地而或笼盖瓦上喷洒凉水，以达到降温目的。

防毛绒缠结：仔狐生长后期，由于笼内的活动空间窄小，喂食时仔狐乱抢食，身体有时全部沾上饲料，使仔狐身上的毛绒缠结，特别是臀部更容易缠结，发现这种情况后，应及时给仔狐梳毛，将缠结的绒毛梳开。及时清理笼底上的粪便，这对防止毛绒缠结有重要作用。11 月初对仔狐进行第 2 次梳毛，将缠结的毛绒梳开，提高毛皮质量。

八、种狐恢复期饲养管理

种公狐从配种结束到性器官再次发育（3 月下旬至 9 月初），母狐从断乳分窝到性器官再次发育（5～8 月），这个期间称种狐恢复期。种狐经过繁殖期的体质消耗，体况较瘦，采食量少，体重处于全群最低水平（特别是母狐）。种狐恢复期的另一个生理特点是种狐开始脱掉冬毛，换成稀疏暗淡的夏毛，并逐渐构成致密冬季毛绒，到秋季冬毛生长迅速。

为促进种狐的体况恢复，以利翌年生产，在种狐的恢复初期，不要急于更换饲料。公狐在配种结束后、母狐在断乳分窝后的 20 天内，应继续饲喂配种期和产仔泌乳期的标准日粮，以后再喂恢复期日粮。

种狐恢复期历经时间较长，气温差别较大，管理上应根据同时间的生理特点和气候特点，认真做好管理工作。

1. 加强卫生防疫

炎热的夏秋季，各种饲料应妥善保管，严防腐败变质。饲料加工时必须清洗干净，各种用具要洗刷干净，并定期消毒，笼舍、地面要随时清扫或洗刷，不能积存粪便。

2. 保证供水

天气炎热要保证饮水供给，并定期饮用万分之一的高锰酸钾水溶液。

3. 防暑降温

狐的耐热性较强，但在异常炎热的夏秋时节也要注意防暑降温。除加强供水外，还要遮蔽笼舍阳光，防止阳光直射发生热射病。

4. 防寒保暖

在寒冷的地区，进入冬季后，就应及时给予足够垫草，以防寒保暖。

5. 预防无意识的延长光照或缩短光照

养狐场严禁随意开灯或遮光，以避免因光周期的改变而影响狐的正常发情。

6. 搞好梳毛工作

当毛绒生长或成熟季节，如发现毛绒有缠结现象，应及时梳整，以其减少毛绒粘连而影响毛皮质量。

第五章　幼狐快长新技术

一、银狐的生长特点

银狐是由野生赤狐突变而来，人工饲养已有164年的历史。野生狐和驯养狐除保留野生习性外，在特定的环境中生存，繁衍后代，形成了一些特定的习性。

1. 不集群性

野生赤狐和银狐是不集群的。野生狐除在繁殖期形成配偶外，在其他季节单独活动与采食。由于银狐的不集群性，在仔狐长成到分窝时，千万不要放在一起，如多只放在一起，就会互相残杀、弱肉强食，造成不应有的损失。一般分窝可单只或暂短2只放在一起，2只的稍长大一些后，要1只1笼。

2. 昼伏夜出性

银狐如果食料充足，基本上昼伏夜出，如果食不果腹，白天也会出来采食。所以，在喂狐时，晚上一顿要多加点饲料，让其吃饱，晚上这顿饲料要占整天饲料的60%左右（日喂2次）。

3. 肉食性

银狐食性很杂，野生的银狐主要以小动物为食，如老鼠、青蛙、雀等，有时也到河里捉鱼，同时，也采食一些野果、野菜，在冬季找不到食物的时候，也吃一些动物的粪便。所以，在饲料搭配时要以动物性饲料为主，动物性饲料不能低于50%，繁殖期要更多一些。如果动物性饲料喂的不足，皮毛质量不佳，繁殖期易出现不发情、配后不孕、少产仔的现象，所以养银狐一定要舍得投入。

4. 灵敏、善跑性

在一些童话和动画片中，狐狸的狡猾是出了名的，这是从狐灵敏、不易捕捉、善跑而想象来的。所以在饲养中，要特别注意不要让狐从笼箱中跳出，一个是会造成丢失，一个是不易捕捉，特别是孕期，更不能让其逃出，以免因捕捉引起流产。

5. 1年1胎、1胎多仔性

银狐1年1胎，在2月左右发情交配，4月左右产仔。发情期早于蓝狐，大体和貉相当。1胎产多仔，一般3~6只，平均4只左右。银狐较蓝狐和貉产仔少，这是养殖者不愿养银狐的一个原因。特别是大银狐养殖场，一般平均也就是3.5只，所以，养银狐要采用高产技术，可使银狐胎产达到6只左右。

6. 寿命与繁殖佳期

银狐1年体成熟和性成熟，生命为10~12年，繁殖佳期5~6年，但以1~3龄留种为好。

7. 抗寒、不抗热性

银狐属寒温带动物，不怕冷而怕热。银狐从寒带引种到温带，气候变热，夏天严防中暑，特别是关内饲养，更应注意银狐的防暑降温工作。

8. 爱清洁、喜干燥性

银狐较貉爱清洁、喜干燥，所以，狐场要清洁、干燥，注意搞好卫生，定时消毒，笼箱不要有粪便。

9. 穴居性

银狐有自己的窝，多采用其他动物废弃的窝或自己掘洞做窝，特别是在繁殖期，主要生活在窝内。因此，银狐的产箱尽量仿野生银狐窝的特性。近两年，有的厂家推出圆形塑料产箱比较合理，如自己研发做圆形的产箱也可以，就地取材，节约成本。

10. 食粪舔肛性

无论成狐和幼狐均有食自己粪便的习性。老狐有舔仔狐肛性，舔仔狐肛利于仔狐排便，且排后老狐吃掉，既清洁又能将食物第二次利用。但如果幼狐互相舔肛或把母肛舔破，会引起残杀，所以要在分窝前注意银狐的舔肛，以防舔破见血残杀而死。

11. 应激性

银狐遇到惊扰，常常叼仔、食仔，叼仔、食仔是野生动物的自我保护措施。野生动物遇到敌害则把仔叼到安全的地方，叫叼仔；野生动物把死仔吃掉以防腐烂而致病叫吃仔。人工养殖的由于某种原因受到惊吓而叼仔，叼仔又无处放，所以，出现反复咬叼而致死，死后吃掉。有的狐吃到小仔后，形成习惯，而把整窝仔吃掉，所以防应激反应，不让母狐叼仔、吃仔是保护狐仔的重要一环。银狐在搬家时，会惊恐不安，搬家后几天不能安静，所以，要尽量减少搬家（场内、外搬家）次数，在搬家前设计好搬家的位置，不要搬来搬去。由于狐驯养时间短，还没有形成不怕人的习性，银狐一见生人会躲起来或乱窜，所以，要尽量避免和生人接触，减少应激反应，尤其在孕期和产期。

12. 择偶性

公、母狐均有择偶性，择偶指在交配期间公、母狐择偶而配的现象。不是所有的公狐能配所有的母狐，也不是所有的母狐让所有的公狐配，这比猪、狗、兔择偶性强得多，所以，在留种的时候，尽量选择偶性不强的公、母狐留种。另外，在少量饲养（少于10只）的时候，要尽量多留公狐，以防配种期配不上种。

13. 较抗传染病性

银狐和蓝狐、水貂、貉相比，比较抗传染病。比如，貉大爪子病，在同一串笼中狐未见感染，白鼻子病，银狐发病率也较低。

14. 咬毛自残性

由某种营养缺乏、惊吓、传遗等因素造成，有些银狐有咬毛自残性。应选不咬毛自残的留种，加强营养，减少应激反应。

15. 撕咬扒入软硬物质性

软、硬物质是指和银狐笼能接触到的物质，比如，塑料布、麻袋、铁丝等，这些物质一旦放在笼上，银狐就会用爪和嘴把这些物质弄到笼内撕咬。所以，在覆盖狐笼时，一些软质物质不能让狐抓到，以防咬碎吞食，引起消化不良，衣物也不要晾在狐笼上，以防咬坏。

16. 玩耍性

狐和相熟的人相处时间长了，也会对人产生亲昵感，与人玩耍，比如，你可以摸摸它的鼻子等。人、兽常接触可以减少应激反应，所以，在繁殖期加强狐的训练，多和狐玩耍。但要注意不要让狐咬伤人。

17. 推拉食盒性

银狐吃饱后，有的把食盒拉进或推出笼箱，有的会在食盒里拉屎、撒尿。所以，狐吃饱后，要拉出食盒，放在笼上或把食盒镶在箱上，避免狐推拉食盒造成不卫生和费工掏盒。

18. 不易发胖性

一年生幼狐在育成期很少有发胖的，银狐能够自己调整体况，这一点要比蓝狐和貉强得多。2 年生以上银狐有个别发胖的，所以，要控制体重，不能突破 1 厘米体长 85 ~ 100 克重。

19. 定点排尿性

银狐排粪不定点，但排尿定点。如果狐排尿不定点或排尿显得困难，都可能有病，要加强观察和治疗。

二、影响幼狐生长发育的因素

影响幼狐生长发育的因素主要有以下几个方面。

（一）品种特性

不同品种的银狐，由于生长发育因素的不同，在幼龄时期的体尺、体重等指标均有一定的差别。

（二）遗传因素

幼狐双亲的遗传特征对后代影响较大，并通常会遗传给子代，从而影响幼狐的生长发育。

（三）饲料配制

不同的饲料，不同营养水平喂饲的幼狐生长发育速度不同。饲料喂饲是否充足，补饲是否及时等也都会影响幼狐的生长发育。

（四）疾病

疾病也是影响银狐生长发育的一个重要因素，当幼狐发生疾病时，即会影响幼狐的正常生长发育，严重的甚至会造成死亡，例如，以下疾病。

1. 幼狐胃肠炎

主要发生在幼狐断乳期，此时由于断乳，导致胃肠机能较弱，饲养管理上出现问题都会导致此病。幼狐发病时，病狐精神沉郁，食欲减退，被毛毛糙，逐渐消瘦，严重的出现虚脱现象。

2. 幼狐消化不良

一般发生在出生后 1 周以内。母乳作为病原感染或小室内被污染的可能性较高。发病时，幼狐被毛蓬松、无光泽，随着疾病时间的延长，幼狐逐渐消瘦、发育缓慢。

3. 维生素缺乏症

维生素是生命体正常活动所需要的，大多数维生素在体内不能合成，需要通过饮食补充。当机体缺少维生素的时候，则会产生新陈代谢障碍，即维生素缺乏症。

在缺乏维生素 A 时，皮肤上皮细胞角化，神经失调，幼狐则还会出现腹泻。缺乏维生素 A 还会出现肺病，生长发育缓慢或停止，换牙延迟等。

缺乏维生素 E 时，幼狐两性器官的发生受到影响。幼狐生下来，萎靡不振，虚弱无力。

新生幼狐缺乏维生素 C，主要表现为四肢水肿。关节变粗，患处皮肤紧张和高度潮红，以后指间溃烂龟裂。患病幼狐时常发出尖锐的叫声，不间断的乱爬，此时不能自己吸乳，造成母狐乳腺结节，进而咬死仔狐。

维生素 B_1 不足持续 20～40 天，会使幼狐甚至成年狐的食欲消失，进而使幼狐逐渐虚弱，之后就会发生抽搐和痉挛。

生物素不足，导致幼狐毛皮颜色发生变化。若母狐在妊娠中期开始缺乏生物素，则会导致幼狐脚掌水肿，并且被毛变灰。

4. 磷和钙代谢障碍

毛皮动物较其他动物而言对磷和钙的需求要高，而幼狐和母狐对于矿物质的缺乏表现得特别敏感。当缺乏维生素 D 时，则钙磷的吸收受到影响，骨的形成发生障碍，补充维生素 D 可以缓解这一现象。当机体内磷和钙的含量不足时，还会导致酸碱失衡，发生酸中毒、尿湿症和尿结石等。

三、幼狐生长发育期的营养要求

仔狐出生后，生长发育迅速。10日龄前，平均绝对增重为19～21克/天。10～20日龄，绝对增重为30～39克/天。20日龄前的仔狐完全以母乳为营养。20日龄后，母狐泌乳量逐渐下降，母乳已不能满足仔狐营养需要，此时，应进行补饲。补饲的饲料要求精、细，开始动物性饲料应彻底粉碎，谷物也应粉碎，熟化后，用牛奶、羊奶或豆浆调和均匀，做成糊状，诱导仔狐自行采食。调制时，适量多加水，这种饲料既可供母狐采食，仔狐也可采食一部分，以弥补乳汁的不足。

仔狐断乳日期和断乳方法是否恰当，对其成活及生长发育影响很大。而且断乳太晚还会影响雌狐体质的恢复，进而影响下年度的繁殖。仔狐一般应在45～50日龄时断乳。断乳工作开始前，要准备好消毒灭菌的笼舍。因为笼或窝箱如果带菌，往往易感染抵抗力弱的仔狐，甚至造成仔狐死亡。断乳初期的5～7天，动物性饲料应占70%，配制时加入3%～5%的熟制麦麸，以促进胃肠蠕动。断乳后头2个月是仔狐生长发育最快的时期，也是决定银狐体形大小的关键时期，每日应饲喂3次，每日饲喂量为100～150克，可根据仔狐食欲状况灵活增减饲喂量，同时按标准供给维生素A、维生素D、维生素B_1、维生素C以及钙、磷等多种矿物质元素，以保证仔狐生长发育的需要。刚断乳的仔狐离开母狐和同伴后，很不适应环境，食欲降低，行动不安，经常嘶叫。为减少应激，在断奶初期，每笼可养2～3只，等到仔狐独立生活能力加强后再分单笼饲养。平时要保持安静，饲养员要多与它接触，以利于提高驯化程度。

银狐对于营养的要求，是指每只银狐对能量、蛋白质、矿物质和维生素等营养成分的要求。不同生长时期的银狐对于营养的要求都具有不同的特点。银狐在各个生长时期，对于营养的需求量是不同，则对不同时期的饲养要求也不同。幼狐在生长发育过程中，应多喂饲动物性饲料。不同的饲料中的营养物质也具有不同的营养作用，且银狐对不同营养物质的需求量也不同。

（一）水

毛皮动物在生长发育时期应注意补充水，动物体内水含量60%以上，水缺乏会严重影响动物生长性能的发挥。尤其是幼银狐时期水的补充尤为重要。在银狐生长发育中，水的补充是必不可少的，因为水是生命有机体的重要组成部分。即使缺少蛋白质和脂肪，保证水分的正常补充，银狐也能存活，但缺少了水，则会导致银狐产生疾病甚至死亡。

水参与机体内的几乎全部代谢过程，是各种生理反应的最好的溶剂，并对体温调节和保持体温恒定等方面就有重要作用。水分补充不足，新陈代谢就不能正常进行，会引起新陈代谢紊乱。生长期的幼狐，由于生长发育，食量较大，代谢旺盛，在此时期对水的需要量比较大，所以在幼狐生长发育时期，要特别注意饮水的补充，保证幼狐饮水充足。所以水分是银狐营养物质代谢、生命活动和防暑降温等不能缺少的物质之一。饲喂银狐的水还要保证是清洁的饮水，水质低的可能会引发银狐腹泻、生长和代谢紊乱。

总之，水分是幼狐营养代谢、生命活动等不可或缺的营养物质之一。

（二）蛋白质

蛋白质是一切生命活动的基础，是动物生长发育中最需要的营养物质，其营养作用是其他营养物质无法替代的。肌肉和骨骼的生长、组织新陈代谢、毛的生长等都需要蛋白质。所以人工饲养银狐过程中，蛋白质要求数量足，质量好，比例合适；氨基酸则需要多加与生长有关的氨基酸，但也要保证比例适中。银狐的蛋白质主要来源于动物性饲料，动物性饲料的好坏主要来源于其中所含蛋白质的多少、种类、质量和必需氨基酸的含量等，对于狐来说，赖氨酸、色氨酸、组氨酸、蛋氨酸、亮氨酸、精氨酸等 11 种氨基酸为其必需氨基酸。

毛皮动物在生长期对蛋白质等营养物质的需求量是日益增长的，幼崽生长迅速，甚至每天的营养需求和采食量都不同，所以，对营养物质数量和质量的要求要严格控制，并随时根据幼狐需求做相应调整。幼狐从 2 月龄直到屠宰时，要保证可消化的蛋白质的量。日粮中蛋氨酸和胱氨酸不应少于 200 毫克，色氨酸不少于 65 毫克，以保证正常的生长发育所需和毛皮质量。在幼狐生长期，氨基酸补充不足，会导致翌年配种时繁殖力下降，甚至可能导致发情晚或不发情。

但是，蛋白质是价格高的营养物质，所以在饲养银狐时，既要保证狐的正常生长发育，又要合理投入蛋白质的量，在保证幼狐健康成长和毛皮生长良好的情况下，可以适当减少蛋白质的投入量，以减少饲养成本。

（三）脂肪

脂肪是热能的主要来源，一部分用于正常生长发育所需要的能量，剩余的部分则储存在皮下，成为皮下脂肪，用以储备营养物质和保持体温等。脂肪也是脂溶性维生素最好的有机溶剂，例如脂溶性维生素 A、维生素 D、维生素 E 和维生素 K 等，都必须溶于脂肪中才能被有机体利用。在幼狐生长发育期，脂肪含量要达到 17%，过多或过少都不利于幼狐的生长。脂肪过多，虽然能促进银狐快速生长，但是，对毛绒质量影响不利，更可能引起消化机能紊乱，最终导致幼狐生长发育缓慢，被毛褪色、粗糙等。

银狐主要是摄取饲料中的不饱和脂肪酸，即亚麻油酸、亚麻酸和花生四烯酸，不饱和脂肪酸在银狐体内不能自身合成，而又是银狐生长所必需的。不饱和脂肪酸摄入不足时，幼狐会出现生长停滞现象，生理机能也发生不利变化，还可能造成多种疾病。在投喂不饱和脂肪酸时，要注意维生素 E 的添加。因为当投入不饱和脂肪酸时，银狐对维生素 E 的需求增加，此时若不注意维生素 E 的添加，则可能导致银狐的繁殖机能紊乱，产仔率下降，维生素 E 的添加量大约是 100 克饲料中添加 10 ~ 15 毫克即可。不饱和脂肪酸还容易氧化从而被破坏，使幼狐生长缓慢，被毛生长差、色泽不光亮等，这时需要添加抗氧化剂以防止其氧化，通常选择添加维生素 E、维生素 C、磷脂或其他抗氧化物质均可。

(四) 碳水化合物

碳水化合物主要来源于谷类饲料，包括淀粉、糖和粗纤维等，碳水化合物一般为植物性饲料，动物体内只有少量的碳水化合物。在狐饲养过程中，淀粉是主要的碳水化合物类的饲料来源，这主要是由于淀粉粉碎彻底，银狐食用时容易消化。碳水化合物的投喂主要是为银狐生长提供能量，或转化成脂肪，以脂肪形式储存在体内，碳水化合物长期供给不足时，会破坏机体代谢功能，产生酸中毒，日粮中一般控制在 25% 即可。银狐日粮中碳水化合物的量较北极狐低。植物性粗纤维对于银狐消化较弱，不可添加过多，少量补充即可。

蛋白质、脂肪和碳水化合物是狐营养的主要物质，其中，以蛋白质为主，脂肪和碳水化合物为辅，三者相互促进，缺少任一种均不可。三者的量和比例要根据不同的生长时期进行调节。一般银狐对 3 种营养物质的平均比例是 3∶1∶2.4。

（五）维生素

在银狐生长发育时期，维生素的补充是非常重要的，维生素是银狐营养和生长所必需的，对银狐的新陈代谢、生长发育等的作用都非常重要。目前，已知已有15种维生素，缺少一种或不足都可能导致银狐患有慢性或急性的代谢紊乱。所以，在饲养银狐时，添加维生素是非常必需的。维生素不足时，各种酶的合成将受到抑制，营养物质的吸收也会受到影响。还会引发疾病，即维生素缺乏症，严重时还会引起大批死亡。一些淡水鱼和海鱼，例如，鲤鱼、鲫鱼、沙丁鱼、梭鱼、鳙鱼等，其中，含有硫胺素酶，硫胺素酶含量高时会破坏维生素 B_1，引发维生素 B_1 缺乏症。此症主要表现为银狐食欲降低甚至丧失，仔狐则是生长缓慢或停止生长。所以，在配制饲料的时候，要注意含有硫胺素酶的鱼类的投喂量不能超过20%，或者对该类鱼煮熟后再进行喂饲，同时还要注意维生素 B_1 的补充。在投喂饲料时，还要注意饲料中是否有物质将维生素破坏了，例如，细菌群落会破坏维生素B族等，使投喂量足够而吸收量不足。

在人工饲养过程中，通常是人工在饲料中添加维生素，以保证机体对维生素的需求。目前，对于银狐每天对维生素的需求量尚不清楚，一般在生产实践中按推荐的剂量添加小剂量即可。在肝、乳制品、酵母和鱼肝油中，维生素含量丰富。可以喂饲给银狐以补充维生素，也可以饲喂医用的维生素制品。

（六）矿物质

银狐机体内的矿物质含量较少，但矿物质对于维持银狐机体各组织的正常生理机能有非常重要的作用，特别是对神经和肌肉组织的正常兴奋性有重要作用，在维持水的代谢平衡、酸碱平衡、调节血液正常渗透压等都具有重要作用。

银狐在生长发育过程中需要的矿物质主要有钠、钾、钙、磷、铁、锰、铜、锌、碘等，目前已知超过20种矿物质是机体必不可少的，其中，大部分在骨组织中。银狐从饲料中获得矿物质主要是从骨中获得的，一般带骨的鱼、肉、鸡头和肝脏中都含有较丰富的矿物质，可选择该类饲料对银狐进行饲喂，或者添加专门的矿物质饲料进行饲喂。饲喂骨时，骨骼要研碎后再进行饲喂，否则大块的骨会被银狐挑出来不食。饲料中缺少矿物质会影响机体的正常生长发育，但是，矿物质含量过高也会引起脂肪和蛋白质的吸收量的减少。

钠和氯能够调节机体中的渗透压、酸碱平衡和水代谢等，氯还是胃液中盐酸的主要成分。对盐的需求，一般从鱼肉类饲料中就可以得到补充。铁补充不足时，银狐会出现贫血现象，食欲下降，生长发育受阻，毛皮质量也会下降。在喂饲过程中，如喂饲鳕鱼的量过高时，也容易引起银狐因缺铁导致的贫血，这主要是因为鳕鱼中含有三甲胺氧化物，导致铁的吸收受阻，一般幼狐饲喂鳕鱼类的量应不超过日粮的45%，若一定要饲喂鳕鱼，则可以在饲料中添加专门铁制剂葡萄糖亚铁。

四、幼狐生长期饲养管理要点

银狐产仔多发生在每年的3月末到4月末，所以每年3月16日左右即要开始做好产前准备。主要是要做好产箱的消毒，以及为产室垫草。银狐产仔多发生在夜间或清晨，一般1～2小时即可顺利产仔，平均每胎产仔3～8只。产仔6小时后，母狐即开始采食，饲养员可以利用这段时间对新生仔狐进行检查。健康仔狐，叫声尖而有力，成团躺卧在产箱内，大小适中，胎毛颜色正常。不健康的仔狐，则表现的很虚弱，胎毛颜色异常，身体潮湿，体温较低，身体和四肢都无力。

（一）适时断乳分窝

仔狐在45日龄左右断乳分窝。分窝前应根据仔狐的数量准备好笼舍食具水盆用具，设备要清洗和消毒适时断乳分窝有利于仔狐的生长发育和母狐体质的恢复。如果断乳太早，由于仔狐独立生活能力差，对外界环境，特别是对饲料条件很难适应，易出现生长受阻若断乳过晚，仔狐间常出现争食咬架现象，既浪费饲料，又不利于仔狐的生长发育，母狐的体况也很难恢复仔狐分窝时间应根据具体情况灵活掌握，也可提前，也可适当推迟。当母狐体弱患病时，护仔能力降低或不护理仔狐，而仔狐能独立采食，则应该早一些断乳；若仔狐不能独立采食，则应代养；若母狐体质好泌乳足，而仔狐多发育较差时，可推迟断乳日期。仔狐断乳分窝的方法很多，仔狐发育均匀时可将母狐移开，同窝仔狐一起生活一段时间后，再逐步分开；同窝仔狐发育不均匀时，可将强壮的仔狐先行分开，其余的弱仔狐留给母狐继续哺育，待其独立生活能力较强后再行分开。仔狐分窝时，可以2~3只在同一笼内饲养，然后逐步分单笼饲养笼舍不足时，也可以在短期内一笼双养或多养，而同笼幼狐的体况应相近，笼舍空间应较大，饲料喂量要充足。

（二）预防接种

狐的疫苗接种一般都在分窝2~3周后进行，可根据狐群的状况接种犬瘟热、狐脑炎、病毒性肠炎、狐加德纳菌疫苗等，育成期幼狐从母体接受的免疫力逐渐减弱，机体免疫功能还不够完善，因此，要加强防疫工作，防止通过饲料和饮水传播疾病。

（三）做初步选种工作

种母狐种公狐初选应在分窝时进行对种公狐要求交配早性欲

旺盛配种能力强配种次数在 8～10 次精液品质好无恶癖无择偶要求的可以留作种用；对种母狐要求性情温驯、发情早、产仔多（银黑狐 4 只，北极狐 6 只以上）、母性强、泌乳能力好、所哺育的仔狐发育正常的可留种，对留作种用的仔狐要注意其仔狐生后 8 周（55～60 天）即可断乳，与母狐分离。刚断乳的仔狐，离开母狐和同伴，很不适应新的环境，大都表现应激反应，不想吃食、发出嘶叫、行动不安、怕人等。所以，分窝后尽量少惊动它们。此时饲料仍按哺乳期水平不变，维持 5～7 天。当仔狐习惯了独立生活后，再改变饲料。此期正是幼狐生长发育旺盛时期，生长迅速，因此，要依仔狐食欲状况不断增加饲料量，同时供给多种维生素，以保证生长发育的需要。亲本状况，其母狐应是产仔多，母性好，泌乳量足，仔狐发育好，母狐无弃仔恶癖。产仔时间早的对幼种狐的要求是发育良好无缺陷，同时其双亲要具备上述标准。

（四）防暑

育成期正值盛夏，气温较高，在管理上应注意防暑降温，笼舍要有遮阳设备，防止阳光直射在狐身上，有条件的狐场可采取地面洒水的方法降温，同时增加饮水次数，中午设值班人员。饲料要绝对保证卫生，腐败变质的饲料绝不能用，以防止肠胃炎和其他疾病的发生。7 月要接种犬瘟热、胃肠炎及其他疫病的疫苗。

银狐出生时体重一般为 80～130 克，10 日龄前平均增重 17.5 克，10～20 日龄时平均日增重 23～25 克，仔狐在断乳前 2 个月时生长发育最快，所以仔狐 2 月龄前的体重对以后的生长发育的影响是至关重要的，对仔狐日后的生长发育影响较大，这一时期的饲养管理也应放到重点，到 8 月龄时基本停止生长。仔狐刚出生时眼睛紧闭，对外界环境无敏感性，没有牙齿，出生后

14～16 天时，睁开眼睛，并开始长出牙齿，包括门齿和犬齿，先是上颌长出，下颌要晚 3～4 天，到 3～4 月龄时则乳齿开始更替，若齿的长出或更换时间推迟，则表明仔狐可能发育不良或矿物质代谢紊乱，如果再换齿时出现仔狐不吃食等现象，应对仔狐牙齿进行检查，对于活动但未脱落的牙齿可以将其拔掉，从而使之恢复食欲。仔狐出生时胎毛稀疏、平滑，呈灰黑色，50～60 日龄时胎毛停止生长，3～3.5 月龄时针毛带有银环，8～9 月龄时初银毛明显，胎毛全部脱落。仔狐 1 月龄时，腿短、头大、胸宽，以后四肢发育较快。3～4 月龄时则发育为腿长、胸窄。大概 6～7 月龄时则长成成年银狐的外貌特征。

仔狐出生后及时检查登记，初检一般是在产后 6～8 小时后进行，主要检查仔狐是否有足够奶可食、一胎产仔数、成活数、仔狐的健康情况等。在一般情况下，母狐在哺乳期泌乳正常，乳汁充足，不需要人工特别饲养管理。但凡是无奶可食的仔狐可以找“保姆狐”或者进行人工哺乳。若找不到“保姆狐”，也可找产仔期合适的猫、狗或貉子代养。仔狐出生后要保证笼舍卫生干净，并且笼舍周围保持安静，以提高仔狐的成活率。

仔狐出生后 1～5 日是死亡率最高的时候，大概占仔狐总死亡率的 70%～80%。出生仔狐死亡原因较多，大概可归纳为以下几点。

银狐出生后唯一的食物即母乳，出生后仔狐的生长发育完全靠母狐的乳汁。所以若母狐乳汁的营养不足，质量差，则会严重影响仔狐的生长发育。通常表现为生长发育慢，抵抗力低等。虽然母狐泌乳和仔狐吮乳是动物的本能，但是，也有个别现象或其他客观原因，例如，母狐母性不强或母狐缺奶等，这都会导致仔狐出生后吃不上母乳，往往会造成仔狐死亡。

仔狐出生时产箱保温不好或者未在产箱产仔在笼网上产仔、仔狐掉在地上等，仔狐则可能会被冻死。对于受冻的仔狐，若能及时发现，并采取相应措施，则是可以将其救活的。

母狐在妊娠期由于维生素 C 不足，可能导致仔狐患有红爪病，患有该病的仔狐吮吸能力差，容易因此造成死亡。

还有一些其他情况，如压死、咬死等，都会造成仔狐死亡。

仔狐出生后，生长发育迅速，1 月龄、2 月龄和 3 月龄内平均增重依次为 21 克、29.3 克和 39 克。20 日龄前的仔狐完全以母乳为食，20 日龄后母乳已经不能满足仔狐的生长发育需要，所以需要进行补饲，并要保证仔狐饲料充足。喂饲仔狐的饲料要适当调稀一些，以便仔狐采食。30 日龄以后，仔狐的采食量增大，必须增加仔狐饲料数量。仔狐 45 ~ 50 日龄就可断奶分窝。

断乳工作开始前，根据狐群数量准备好笼舍、食具、用具等，还要对笼舍进行清扫和消毒。仔狐断乳日期和断乳方法要选择合适，因为如果不当则对仔狐的成活以及后期的生长发育都有较大影响。断乳时间太早，仔狐会不适应；断乳太晚则会影响雌狐体质的恢复，进而影响第二年的繁殖。所以，一般应在 45 ~ 50 日龄时断乳。仔狐分窝，对于同窝发育不均的仔狐，可以将较强壮的幼狐先进行分窝，对于较弱的则可以将其由母狐继续哺育一段时间后再进行分窝。

仔狐离开母狐，独自采食，生长发育所需的营养全靠饲料供应，这时仔狐通常变现出食欲不振、烦躁，生长发育开始缓慢甚至下降，仔狐发生疾病的概率也明显提高，所以，这时尤其要加强对仔狐的饲养管理，这段时期的饲养管理得好坏对于幼狐的生长发育和以后毛皮质量具有密切关系。一般应继续喂饲哺乳期的饲料，饲料的种类和比例均保持原有水平，待仔狐适应后在喂饲幼狐饲料。在育成初期，幼狐大小不均，食欲和喂饲量都有差别，应根本对待，并随时调整饲料组成和喂饲量，增减饲料时要遵照科学依据进行，一般以喂饱即可。

断乳初期的 5 ~ 7 天，断乳后头 2 个月是仔狐生长发育最快的时期，此时期对银狐今后的生长发育至关重要，此时仔狐食欲非常好，代谢旺盛，饲料的利用率高，所以，一定要供给新鲜、优质的饲料，饲喂量则根据幼狐食料随时进行调整，同时补充一定量的维生素、微量元素等，从而保证幼狐的正常生长发育。7～23 周龄的幼狐，日粮中蛋白质的量应占饲料中干物质的40%以上，这样才能保证幼狐生长发育所需要的蛋白质。该时期，幼狐对于维生素和矿物质的需要量也较高，所以要区别其他生长时期进行添加。

刚断乳的仔狐离开母狐和同伴后，通常不能适应新环境，主要表现为食欲降低，行动不安，经常嘶叫。为减少分窝造成的应激，在断奶初期，可将 2～3 只仔狐养在一笼，待仔狐独立生活能力加强后再将仔狐一笼一只，此时间一般不超过 10～15 天。分窝后，要注意保持笼舍周围环境安静，饲养员要多与其接触，以利于提高驯化程度。

仔狐断奶分窝后，仔狐开始独立生活，即进入育成期。在育成期，银狐生长发育迅速。在 2 月龄时，体重即可达到 1.5 千克，体长达到 40 厘米；5 月龄时，体重可达到 4.4 千克，体长达到 67 厘米。由于仔狐刚开始进入独立生活时期，离开母狐，进入一个新的环境，较易患各种疾病。所以，饲养员要经常观察仔狐有无异常，及早发现疾病及时确诊，对症用药，不可盲目用药。此时期，对于仔狐的饲养管理特别重要，一定要提高饲料质量，及时补充银狐生长所需要的各种元素。幼狐饲养，一般是在日粮比例不变的情况下，不断随着日龄的增加而增加日粮的份数，按食欲不同增加饲喂量。

幼狐生长期正是气温较高时期，尤其是山东、河北等地区，要注意防暑降温，并保证幼狐全天饮水及全价饲料充足，保持食具、用具及笼舍环境卫生清洁，及时清除掉粪便，定期对笼舍、食具、用具及饲养场地等进行消毒。不能从已经有传染疾病的地区购进饲料，不喂腐败变质的饲料。分窝后 2～3 周，即 7 月左右，要用质量可靠的犬瘟热、病毒性肠炎、狐脑炎等疫苗对幼狐进行免疫注射，防止各种疾病和传染病的发生，注射时保证注射器和注射部位的消毒，每注射一只换一个针头，防止疾病交叉感染。对入选的后备种狐要单独组群，专人饲养。发现患病的要及早请专人确诊，对症下药。有条件的养殖场，可以在实验室中进行诊断，找出根本病因，提高治愈率。不可盲目用药，以免因用错药、用药量过多或不足、用药时间过长或不够，导致治疗效果差，甚至造成中毒或死亡，造成养殖场的经济损失。

幼狐在分窝后，较容易感染体内或体外寄生虫，如线虫、球虫、螨虫等。寄生虫会吸取银狐的营养，破会银狐的消化道，影响银狐对营养的消化吸收。有资料显示，螨虫损坏银狐毛皮，造成皮毛质量差的现象。所以，在仔狐分窝后，要注意对仔狐进行寄生虫的驱除，做到及时发现及时清除，一般是用肠虫清或甲苯咪唑每头分别注射 20～50 毫克。

在炎热时候，要搞好食具卫生，做好防暑降温工作，防止银狐中暑，保持笼舍内通风良好，尽量避免阳光直接照射，还要保证饮水的清洁卫生。

在这一时期还有一个重要的工作，就是要对在仔狐的成活、生长发育情况、毛色分离情况等做好记录，以备日后在选种、育种等工作中有一定的实际参考依据。

五、幼狐的饲料配制

幼狐在生长发育过程中不同阶段所需营养不同，所以必须满足各阶段的营养需求，即对蛋白质、矿物质、微量元素、维生素和氨基酸等的需求。幼狐的饲养标准，要根据可消化蛋白、可消化脂肪、碳水化合物等的量，通过试验反复验证，并结合实际经验进行制定。

日粮是按照幼狐不同月龄所需的代谢能。可消化蛋白质、可消化脂肪、可消化碳水化合物、维生素等的量而确定的饲料。除保证生长需要的各种营养物质外，还要考虑狐的不同日龄时的稀稠程度等，保证营养需求的同时还要保证饲料的适口性等。

仔狐出生后的3周内，完全依靠母乳供给营养，母乳质量直接关系到仔狐的生长发育以及是否能成活，所以，对母狐饲料的加强非常重要，此时需要提供全价饲料，保证母狐日粮营养全面。此时，在每天日粮中还需要保证可消化脂肪在15~20克，当仔狐4~8周龄时，逐步增加到60克，这可以保证母狐具有充足的乳汁，能够保证仔狐吮乳。

在哺乳期，母狐的日粮一般不定量，以吃饱为原则，通常饲料组成和比例配制保持与妊娠期一致即可。即动物性饲料占60%，谷物类饲料占35%，蔬菜类占5%，适当添加乳蛋类饲料，并保证维生素和矿物质元素补充充足。

仔狐出生20天后，母狐的泌乳量逐渐减少，这时仔狐开始采食，刚开始是母狐用嘴喂仔狐，此期饲料质量要好，数量也要不断增加，可根据母狐和仔狐的营养状况以及生长需要灵活掌握饲料数量和营养配比，以满足母狐泌乳和仔狐生长需要。一般每天补饲2次，一方面减轻母狐的哺乳负担，另一方面满足仔狐的营养需求。仔狐的饲料，要以营养丰富、容易消化吸收的蛋、奶、肝和新鲜肉类为主，调制成粥状，方便仔狐采食。

20~30日龄，每日每只可补饲50~180克，在动物性饲料中要适量加一些新鲜的鱼肉，使仔狐能摄取各种必需的维生素和微量元素等，配制饲料时还要加入3%~5%的熟制麦麸，以增加粗纤维含量，促进胃肠蠕动。日喂3次，也可根据具体情况稍做调整，一般以吃饱为准。

从30日龄起，仔狐采食量增加，这时需要单独给仔狐喂饲饲料，每2只仔狐共用一个食碗，可以喂些混合饲料，动物性饲料占60%，日喂3~4次。

45~50日龄断奶，断奶后，一般喂到80天后分窝饲养。断奶后头10天的幼狐，仍按哺乳期日粮标准饲喂，饲料的种类和配比均应哺乳期水平，过了这段时间，就按育成狐的饲养标准进行饲喂，保持中等蛋白、低脂肪和高碳水化合物的日粮水平，钙按0.6%~1%，磷按0.6%~0.8%供给，钙磷比例为1.2：1，同时，每天每只狐供给脂肪酸2~3克。日粮的参考配比（%）为：肉类30，鱼类30，乳类10，谷物类20，蔬菜类10，另外每只日添加酵母5克，骨粉5克，食盐0.5克。

仔狐生长速度比较快，生长期正值气候炎热，此时易发疾病，则就需要预混料。现国内没有银狐的饲料标准，配制饲料时，一般个体饲养户无法对饲料营养成分等进行分析，这时可观察粪便的颜色，判断动物性饲料是否够用。在饲养过程中注意不要随意更改日粮组合成分和配制比例，变换饲料会影响适口性，影响狐狸的生长发育。

银狐的日粮配比主要是根据热量配比或重量配比。通常是根据幼狐生长时期的营养需要、饲料的营养成分、热量等，进行合理的饲料配制，银狐的饲料种类多，养殖场可根据当地的饲料品种等就地取材，降低饲养成本，达到最适合银狐的食欲，最终配制成符合幼狐生长需要的混合性饲料。

在饲养银狐时，还要注意饲料的贮存工作，贮存不好容易造成饲料变质、腐烂等，进而造成银狐中毒等情况的发生。饲料的贮存应根据饲料种类，不同季节和气候的不同等具体情况进行具体贮存方案的制定。新鲜的动物性饲料，应当在冷库或冰柜中进行储存，也可以将其煮熟后，用盐腌制后贮存。干性饲料则要防止阴凉通风处贮存。蔬菜类饲料，在北方冬季时可以放在地窖中储存，在南方则可以现用现买，不要过多储存。

饲料加工也要根据不同的饲料进行不同的处理。新鲜的海杂鱼、家畜的肉及其副产品、肝脏、血等可以生喂。新鲜度低的饲料、冷藏过的饲料、干制过的饲料等都需要煮熟后再进行饲喂。腌制的咸鱼类饲料，若盐浓度较高，需要在水中浸泡一段时间后再饲喂银狐。喂饲蚕蛹时，要用水充分浸泡以去除碱。除了粉状饲料外，其余饲料均需绞碎后，与其他饲料充分混合后再进行饲喂。粮食和其副产品类饲料，也需要进行绞碎，并且需要煮熟后进行投喂。水果蔬菜类饲料要剪掉腐烂或发霉的部分，洗净绞碎后生喂即可。

目前，国内已经有狐用全价配合饲料生产销售，养殖场可按饲料使用说明进行饲喂，大都是讲饲料置于大锅中，将其煮熟成糊状或稀粥状，待饲料温度降至30～40℃时即可喂给银狐。

第六章 银狐冬毛期管理

一、银狐冬毛期特点与营养需要

根据银狐不同生物学时期的生理特点、繁殖、生长发育和换毛规律，可将一年的生活周期划分为不同饲养时期：即准备配种期（11月中旬至1月上旬）、配种期（1月中旬至2月中旬）、妊娠期（2月下旬至4月上旬）、产仔哺乳期（3月下旬至4月下旬）、恢复期（公狐配种结束至9月中旬、母狐哺乳期结束至9月中旬）、幼狐育成期（幼狐断奶至9月中旬）和冬毛生长期（9月下旬至12月初冬毛成熟）。各个饲养时期不是截然分开的，而是密切相关、互相联系又互相影响，每一时期都是以前一时期为基础的。

在银狐生产中，大部分养狐场都能根据银狐不同生物学时期的生理特点和营养需要，精心地进行科学饲养。但也有相当一部分养狐场，对银狐个体发育过程中各阶段的连续性缺乏认识，割裂了不同生物学时期的内在联系，片面理解只有配种期、妊娠期、产仔泌乳期才是饲养的关键，忽略了育成期和冬毛生长期的营养需要。只看到繁殖成败对当年生产数量的影响，却没有很好地考虑幼狐的生长发育、皮狐的毛皮质量和种狐翌年的生产效果。

一般是每年的9月到翌年的1月，随着日照时间的快速缩短，银黑狐开始脱去夏毛长冬毛，此次换毛夏季毛并不脱换，而继续生长，并不断补充新毛，当年出生的仔狐的胎毛，秋季继续生长，逐渐生成冬季浓密的被毛。我们称这一时期为冬毛生长期。

冬毛期正是狐快速生长时期，营养需求提高，食欲旺盛，采食量增加，开始由主要生长骨骼和内脏转为主要生长肌肉和沉积脂肪，做好越冬能量的储备，使皮张达到最大化。因此，这一时期日粮蛋白质水平呈上升趋势，而且蛋白中一定要保证充足的构成毛绒的含硫必需氨基酸，如蛋氨酸、胱氨酸和半胱氨酸等。此期间的鲜饲料饲养标准为：在以鱼类饲料为主时，鱼及其下杂可占30%，肉及畜禽下杂10%；在以肉类饲料为主时，肉及畜禽下杂可占30%，鱼及其下杂10%。饲喂肉类要去掉过多的脂肪，冻鱼应化冻去污，干鱼应浸泡去盐，不新鲜的鱼应熟喂，较大的鱼要去胆，不能喂毒鱼。谷物类饲料必须加工成细粉饲喂，按配合饲料的配方比例混合，糠麸类饲料含有较多的纤维素，不易被银狐吸收，因此饲喂量不宜过多，一般不超过谷物饲料总量的25%，油饼类饲料含有丰富的蛋白质，一般应占日粮的30%左右动物性饲料如血粉可占动物性饲料的20%左右，蚕蛹可占日粮的5%左右，均应煮熟后与其他饲料一起绞碎，并加工成细粉饲喂蔬菜类饲料要去根洗净，有苦涩味的要用沸水浸烫。

其次，脂肪相对减少但必不可少，饲喂时饲料中添加5%的植物油，因为脂肪中的脂肪酸对增强毛绒灵活性和光泽度有很大的影响。同其他生理时期一样，冬毛期狐的日粮中不仅要保证蛋白质与脂肪的需要量，其他各种维生素以及矿物质元素也是不可缺少的。如饲喂全价料为主，再加部分动物性饲料等，具体为：干料15~200克，其中狐冬毛期全价料70%、玉米面20%、豆粉10%，外加鱼及鱼碎料、鸡及鸡碎料、畜禽的内脏等100克/（只·天），蔬菜（萝卜、叶菜类）50克/（只·天），预混剂适量，食盐2克左右。每天喂2次，每天800克，早晚分别占日量的40%和60%。

饲料要求新鲜干净，现制现喂，严禁饲喂发霉变质的饲料，以防发生中毒应将多种品种混合，按比例合理搭配，以成年银狐为例，日给料量：肉类 150 克，谷物类 50 克，蔬菜类 200 克，酵母 3 克，骨粉 3 克，食盐 2 克，鱼肝油 1～2 滴，幼银狐应多喂动物性饲料，成年银狐应多喂谷物类饲料。

总之，不管是喂全价饲料还是自配鲜料，都应保证日粮配合的全价性。保证饮水供给冬毛期天气虽日益变凉，饮水量相对减少，但一定要保证充足、洁净的饮水。只有科学合理的饲养，才能促进了冬毛的生长和成熟，因而才生产出毛绒丰厚的高质量皮张。

二、银狐冬毛期饲养管理要点

银狐的饲养管理工作是分阶段进行的，但各时期都不是独立的，而是密切相关、互相影响的，每一个时期都是以前一个时期为基础的，各个时期都是有机联系一环紧扣一环的，只有重视每一个时期的各项日常管理工作及关键时期的重点管理工作，银狐生产才能获得成功，其中的任何一个环节出现失误，都将给生产造成无法弥补的损失。

每年进入 9 月，天气开始转凉，应做好银狐换毛期全部准备工作：首先要将银狐的笼箱进行一次检修，小室破损不能防寒保温应及时修好。然后再将狐棚的四周特别是狐棚北面实行严密遮挡，防止西北风大雪天的侵袭。

从 10 月中旬以后，为了减少饲养成本，获得最大的经济效益，种狐和皮狐要分开饲养。种狐放在狐棚阳面饲养，增加光照以利于性器官发育。

（一）取皮狐的饲养管理

饲养取皮狐主要是为了获得优质毛皮，提高皮张售价，增加养狐者的收益。按同窝所生两公或两母，或异窝所生一公一母，放在一个笼内而且应该在狐棚阴面饲养，最好在皮狐笼的上方挂上布帘，以防阳光直射，此种饲养方法不但能增加银狐的食欲，还能加强其运动。

窝箱内的钉尖和笼具上多余的铁丝，要及时去掉，防止毛皮被划破或磨损。保持毛皮光洁，首先要保持窝箱清洁干燥，窝箱里添加垫草，最好是胡麻草或乌拉草，所用的垫草必须经过碾压、日晒消毒后方能使用，此时应及时给银狐添加垫草，不仅能减少银狐本身的热量消耗、节省饲料、防止感冒，而且还能起到疏毛、加快毛绒脱落的作用。其次就是注意给银狐梳通毛绒，此期间由于银狐毛绒有大量脱落，加之饲喂时银狐身上粘上一些饲料，很容易造成银狐毛绒缠结，此时如不及时梳通，就会影响以后银狐皮的质量。所以，此期间一定要搞好笼舍卫生，保持笼舍环境的洁净干燥，应及时检查并清理笼底和小室内的剩余饲料与粪便。此时期应保证饮水充足，绒毛生长期饮水缺乏，会使各种饲料不能充分利用。影响机体的代谢机能和毛绒生长。所以，要经常不断地供给清洁饮水，并注意及时更换。及时维修笼舍，防止粘染毛绒或锐利物损伤毛绒。一些地域冬季气温相对较高，公狐笼内没设小室，为了避免寒流的突然袭击，应做好防寒设施，在舍棚两侧钉上防寒塑料布。在做好防寒工作的同时，一定要保证兽舍通风良好。冬毛生长期，一定要注意经常观察换毛情况及冬毛长势。做到早发现、早采取措施。如发现其自咬，应根据自咬部位采取“套脖”或“戴箍嘴”的办法。以防破坏皮张。遇有毛绒缠结时应及时进行活体梳毛。因此，为银狐梳通毛绒，应掌握在 10 月中旬取皮前的 20 天，使用被毛改良剂，可以有效改善被毛质量，毛绒黏结的进行梳通毛绒，过晚被梳掉的针毛长不上来，因此，梳通毛绒的工作必须适时进行。

梳通毛绒的方法：即1人将银狐抱定，1人用较细的梳子进行梳理，梳通时要注意不管银狐周身有无缠结毛，要逐个进行梳理，因为通过梳理，还能刺激银狐毛绒的快速生长，银狐脱落的毛绒被梳掉以后，脱落的毛减少了，就不会再次发生缠结毛了。

冬毛生长期加强饲养管理，才能提高毛皮质量，从而取得理想的经济效益。

（二）种狐的饲养管理

9~10月，秋分过后正处于日照逐渐缩短的短日照阶段的初期。幼龄银狐体重、体长继续增长至体成熟，老、幼银狐夏毛迅速更换成冬毛，即秋季换毛最明显的时期，个体间换毛的早迟和快慢，直观上可一目了然。故应抓住良种按银狐种狐选种标准，做好种狐复选工作。银狐换毛的早迟和快慢是其个体对日照周期变化敏感性高低的直观表现，并与明年的繁殖力息息相关。因此，秋分过后，做好银狐复选工作是常年选种工作很重要的一个环节。

银狐的夏毛粗糙缺乏光泽，颜色也较浅陈旧，而新生冬毛色泽光亮和艳丽。以尾尖、躯干两侧首先脱换，头部、尾根部较迟，鼻端、耳缘最后脱换。至10月中旬前正常换毛的银狐，周身夏毛应脱落完毕。为使银狐安全越冬，从10月开始应在小室中添加柔软的垫草。气温越低，垫草越要充足。垫草要勤换，粪尿要经常清除，以防因垫草潮湿而导致银狐感冒或患肺炎而死亡。保证每天要添加温热饮水1次。

11~12月为银狐准备配种中期，此期已经入冬季，天气日渐寒冷。饲养管理的主要任务是促进性器官的迅速生长发育，保持银狐的良好体况，安全越冬。

12 月下旬，根据银狐选种的综合评定标准，对明年留种银狐精选定群。首先应该定期进行犬瘟热、病毒性肠炎疫苗注射，开展阿留申病检疫，并投喂抗菌素预防季节性多发病，注意防治营养性疾病和寄生虫、自咬、食毛等病症。此时对冬毛还未达到成熟和食欲不佳、患病而体质消瘦的个体一律淘汰。其次，应对银狐逐只进行生殖器官形态检查，触摸公貂睾丸，发现隐睾、单睾、体积太小而发育不良者及时淘汰取皮；检查母狐阴门，发现阴门位置离肛门太近或太远，阴门口狭小或扭曲等畸形者，亦要及时淘汰取皮。此期间应勤换垫草，易使银狐对垫草形成习惯，还有利于母狐在产仔前的垫草保温，增加仔狐的成活率。

1～2 月是银狐的准备配种的后期，此期应加强银狐运动增强体质，消除体内过多的脂肪，并可增加光照。经常运动的银狐精液品质好，配种能力强，母狐则发情正常，配种顺利。种狐的体况与繁殖力之间有着密切的关系，过肥或过瘦都会严重地影响繁殖。

第七章　银狐皮的初加工技术

一、银狐皮的特点及取皮时间

（一）毛皮结构及成熟

狐狸的皮肤由表皮层、真皮层和皮下组织层构成。因其毛绒发达，所以其表皮层很薄，仅由角质层和生长层组成，有毛被附着。角质层是生长层不断分裂和老化细胞的产物，常发生脱落现象。真皮层位于中间，是毛皮的最基本一层，是表皮的支撑物。它由胶原、弹性、网状三大纤维及毛囊、皮脂腺、色素细胞等构成。三大纤维有很大的机械强度，是皮板的物质基础。皮下组织层是由疏松结缔组织构成，积聚大量脂肪和一部分肌肉，对皮板有很大的危害。在毛皮初加工时有碍水分的蒸发，对皮张干燥不利，否则在皮张风干中，脂肪会使水分蒸发缓慢，一旦温度适宜，细菌便生长和繁殖，造成皮张受闷脱毛，因此在初加工时要全部除掉（刮油）。

银狐的毛被是由弓锤形的针毛和圆柱形的绒毛构成。每根毛纤维，伸出皮肤外的部分是毛干，埋在皮肤内的是毛根。毛干由鳞片层、皮质层和髓质层构成。鳞片层受皮脂腺分泌的皮脂的滋润作用，相互间排列平顺紧密，因而使毛被光亮不枯燥，并使毛纤维竖立、坚挺，富有弹性。但是，毛纤维上的皮脂在紫外线。高温等条件下会遭到破坏，鳞片因缺少皮脂的保护和滋润其排列会发生变化，使毛纤维变得弯曲。因此，取皮以后，皮张要采取风干或放置阴凉处阴干等办法，切不可放在日光下暴晒以免造成毛峰勾曲。

毛被的天然颜色是鉴定毛皮质量的关键，天然颜色取决于蛋白质和碳水化合物的供给，皮脂腺和汗腺分泌。当然，矿物质、色素和光照也有一定的作用。银狐属于周期性季节换毛动物，换毛是动物体的皮肤及其衍生物（毛被）对变化了的外界环境的一种适应现象，是动物在进化过程中巩固下来的，具有保护性机能的复杂的生理性适应。影响换毛的因素很多，但最主要的是光照和温度，以光照为主。在短日照的条件下，银狐冬毛才能生长发育，11 月下旬冬毛完全成熟。

银狐的皮张成熟时间与品种和饲养管理及所处的地理位置也有差异。确定取皮的具体时间，要根据皮张成熟的实际程度来定，一般都在大雪到冬至的这 15 天的时间里陆续取皮。开始取皮的时间必须认真根据毛绒成熟的外观鉴定试剥效果来确定。取皮的初期还应特别注重个体的毛绒成熟鉴定，成熟一只剥一只，成熟一批取一批，以确保毛皮质量。

（二）毛皮动物取皮时间

毛皮动物取皮时间，取决于毛皮的成熟程度，为了及时掌握取皮时间，屠宰前应进行毛皮成熟鉴定。其标志是：其毛被平齐，灵活，底绒丰满，针毛平齐、直立，光亮而华丽，被毛灵活、色泽光润，头部无夏毛，尾毛蓬松，当动物转动身体时，颈部和躯体部位出现一条条“裂缝”，用嘴吹开尾根或臀部被毛时，如果见到皮色已成灰白色、淡粉红色或玫瑰色，说明色素已集中到毛绒上，冬皮已经成熟；如果活体皮呈浅蓝色，则皮板将是黑色的，还有大量的色素存在皮里，这说明毛皮尚未成熟。从时间、外观、活皮上看，毛皮已经达到成熟时，饲养户就可以通过试宰，进一步观察毛皮是否成熟。试宰剥皮时，如结缔组织松软，皮肉易于分离，刮油脂时省力，剥取的皮板呈洁白颜色，或者仅在尾尖和趾端有少量的黑色素，则为成熟的冬皮。如果在尾根、躯体和四肢发现大块的黑色素，说明是不成熟的皮张，还要继续饲养一段时间再剥皮。

取皮过早或过晚都会影响毛皮质量，降低利用价值，减少等级收入。如果取皮时间延迟到小寒以后，即属冬皮老化期了，毛绒长而勾曲，枯燥而无光泽，使毛绒的质量、色素、皮张的柔软程度都要受到影响，并且要多消耗饲料，增加饲养成本。所以一定要掌握适时取皮，获取优等银狐毛皮，以取得最佳的经济效益。有些养狐者为降低成本，而采用低劣、单一的动物性饲料，甚至以大量的谷物和蔬菜代替动物性饲料饲养皮狐。结果因机体营养不良而出现大批带有夏毛、毛峰勾曲、底绒空疏、毛绒缠结、枯干零乱、后档缺针、食毛症、自咬病等明显缺陷的皮张，严重降低了毛皮质量，减少了经济收入，应引起高度重视。银狐的取皮时间一般在 11 月下旬至 12 月上、中旬。幼狐比成年狐晚一些，健康狐早于病狐或消瘦的狐。

二、银狐的处死方法

银狐的处死方法同大多数毛皮动物相似，主要有以下几种方法。

（一）折颈处死法

手握银狐使之腹向下，放在坚固平滑的物体上，用左手抓住银狐的背部并向下压住胸部，用右手抓住头部并托下颌部向后方屈曲，紧接着左手向前用力推按即可听到骨折声，第一颈椎与头部就脱节了，因脊髓神经损伤而死亡。应防止因用力过猛压碎鼻骨，出现流血而污染毛皮，若发生出血，可将银狐身体倒置。如果已经污染了毛皮，应先用麸皮或锯末搓洗，再用凉水浸泡数分钟，待无血迹时剥皮。

（二）心脏注射空气法

一人将银狐仰卧固定，另一人左手摸准心脏位置，右手将注射针头从胸侧扎入心脏（深约1.5厘米），见到回血时，注入空气5~10毫升，银狐即可致死。

（三）药物致死法

用水稀释10倍后的氯化琥珀胆碱（司可林）肌肉或心脏注射0.2~0.5毫升即可致死。

（四）电击法

将连接220伏电压银狐的电击金属棒插入银狐肛门内，一头让银狐咬住，接通电源，约5~10秒钟死亡，电击处死法好，但要注意安全。

（五）废气窒息法

将50~100头银狐用串笼装好，放入一个密闭的木箱中，箱壁装一条直径3.5厘米通气管，把汽车废气由此管注入密闭木箱中，大约5~10分钟银狐可全部死亡。此种方法通常用于大量屠宰标准色型的银狐。处死的狐，必须平放在清洁的麻袋上或铺有0.3~0.5厘米的稻草上待剥皮。

以心脏注射空气法、药物致死法和废气窒息法简单易行、致死快、不污染毛被、不影响毛皮质量等优点，使用较为广泛。

三、银狐的取皮技术及初加工

银狐剥皮应与处死结合进行，最好是随处死随剥皮，处死半小时后进行剥皮，此时剥皮不易发生流血污染皮板和毛绒。尸体未冷僵之前皮肉易于分离，狐尸不应长久放置（以不超过3小时为宜），否则会因皮肤中蛋白质及胶原纤维被破坏使毛绒脱落。按照商品规格的要求，银狐皮应剥制成鼻、眼、耳、唇及后爪完整的筒皮。在剥皮前，用无脂硬锯末或粉碎的玉米芯，将尸体的毛被擦净，然后进行取皮，具体步骤可分为挑裆、剥皮、刮油和剪修及洗皮4个步骤。

挑裆：用剪刀从一侧后肢掌上部沿后腿内侧长短毛交界处挑至肛门前缘，横过肛门，再用同样方法挑开另一后肢，最后由肛门后缘沿尾中央挑至尾中下部，再将肛门周围连接的皮肤挑开。挑裆时，必须严格按照长毛、短毛分界线挑正，要不会影响到皮张长度和美观。在距离肛门左右1厘米处向肛门后缘调开，挑刀要紧贴皮肤，以免挑破肛门腺。

剥皮：剥皮技术好坏直接影响到毛皮的质量，先用锯末将挑开处的污血洗净，先剥下两侧后肢和尾，要保留足垫和爪在皮板上，切记要把尾骨全部抽出，并将尾皮沿腹面中线全部挑开。然后将后肢挂在固定的钩上，作筒状由后向前剥，剥到雄性尿道口时，将其剪断。前肢也作筒状剥离，在腋部前肢内侧挑开3~4厘米的开口，以便翻出前肢的爪和足垫。注意当翻剥到头部时，按顺序将耳根，眼睑，嘴角、鼻皮割开，耳、眼睑、鼻和口唇都要完整无缺地保留在皮板上。

四、银狐皮的初加工

刮油（图 7－1，图 7－2）和剪修：剥下的鲜皮不要堆放在

图 7－1　刮油

图 7－2　刮油栓

一起，要及时进行刮油处理。即将皮毛朝里，板朝外套在粗一些（直径为 10 厘米左右）的胶棒上，用竹刀或纯电工刀将皮板上

的脂肪、血及残肉等分段刮掉。刮油方向必须由后（臀）向前（头）刮，反方向刮时易损伤毛囊，大量脂肪堆积在臀部，油易污浸后裆毛绒，不易洗净。刮时用力要均匀。如力过猛，以避免刮伤毛囊或毛皮。公狐皮的腹部尿道口处和母狐皮腹部乳头处皮板较薄，刮到此处时要多加小心。总之，刮油必须把皮板上的油全刮净，但不要损伤毛皮。头部和后部开裆处脂肪和残肉等不容易刮掉，要专人用剪刀贴着皮肤慢慢剪掉。

洗皮（图 7－3）：毛皮要用杂树锯末（米粒大小）或粉碎

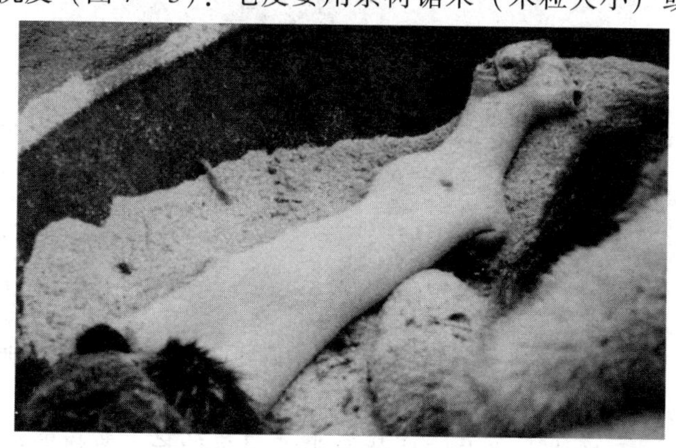

图 7－3　锯末洗皮

的玉米芯搓洗，先搓洗皮板上的附油，再将皮翻过来洗毛被上的油和各种污物。洗的方法是：先逆毛搓洗，再顺毛洗，遇到油和血污，要用锯末反复搓洗，直到洗净为止。锯末在洗前要稍拌一些水，以用手紧握锯末不能出水为宜。洗完毛皮后要将锯末抖掉，或用棍敲掉，使毛达到清洁、光亮、美观、切记勿用麸皮或松木锯末洗皮，大型养兽场洗皮数量多时，可采用转鼓洗皮。先将皮板朝外放进装有锯末（半湿状）的转鼓内，转几分钟后，将皮取出，翻转皮筒，使毛朝外再放入转鼓内洗毛被。为了脱掉毛被上的锯末，从转鼓中取出毛皮放入转笼中运转 5 ~ 10 分钟

(转鼓和转笼的速度为每分钟 18～20 转)，以甩掉毛被上的锯末。

上楦（图 7－4）：为了使皮张保持一定的形状、面积和有利于干燥，要将洗好的筒皮分别公、母用楦板上楦。上楦的方法有

图 7－4　上楦

两种：一次上楦法：先将楦板前端用麻纸斜角形式缠住，把毛绒向外的狐皮套在楦板上。狐皮的鼻尖端要直立地顶在楦板尖端，两眼在同一平线上。手拉耳朵使头部尽量伸长，要将两前腿调整，并把两前腿顺着腿筒翻入内侧，使露出的前腿口和全身毛面平齐。然后手拉臀部下沿向下轻拉，使皮板尽量伸展，将尾部加宽缩短摆正，固定两后腿使其自然下垂，拉宽平直靠紧后用铁丝网压平并用图钉固定。二次上楦法：第一次上楦板时，使毛绒向里皮板向外套在楦板上，方法同前。待皮张干至六七成时，再翻皮板毛绒朝外形状（图 7－5），上到楦板上进行干燥。此方法使狐皮易于干燥而不易发生霉烂变质，但较费工。干燥程度掌握不准时常易出现折板现象。

干燥：上楦板的皮张要当天送到干燥室，使之腹向下，将楦板底端斜插在干燥架中或四周墙壁上，以防止皮板结冻或发霉。

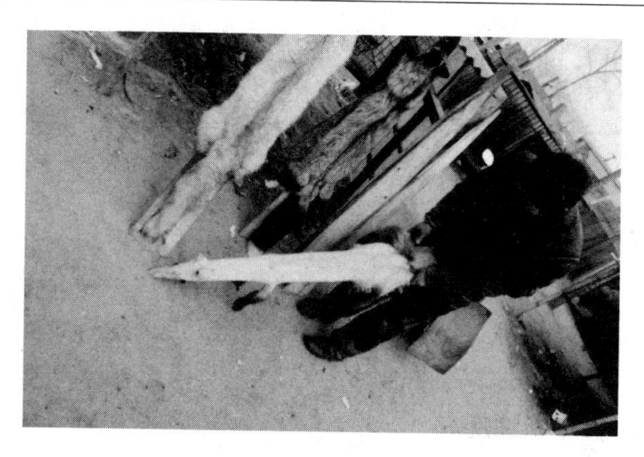

图 7-5　翻面上楦

烘干皮板的温度不能太高，严禁暴热和暴烤，以防出现毛峰弯曲、焦板皮和闷板脱毛现象发生。干燥室应控制在 25～30℃，因此，干燥室必须设有排除和导入空气设备。

下楦：皮张干到九成左右即可下楦板。下楦板时，首先把各部位图钉去净，其次下楦。若鼻尖干燥过度，楦板抽不下来，可将鼻端沾水回潮后再进行下楦，也可用一个光滑的细竹棒沿楦板两侧的半槽处轻轻的来回移动，使皮板离开楦板。下楦时不能用力过猛，以防把鼻端扯裂。

修整：为了保持皮张原有的光泽，干燥后的皮张需要再一次用麸皮或锯末搓洗掉灰尘和油污等，洗皮后抖掉夹在毛绒里的灰尘。最后对缠结毛、咬尾、白杂毛等进行必要的修剪。

验等和包装：可根据国家规定的规格进行初步按质分等。验案上方 70 厘米高处要设两盏 80 瓦日光灯，光下验质，验皮案板最好是浅蓝色。然后按公、母皮分级归类，背对背，腹对腹的每 20 张捆成一捆。打捆时要用纸条缠好头部，然后在纸条上用绳捆好，包扎的松紧要适中，箱内用纸垫衬，捆扎好的皮张即可装箱。

第八章 银狐常见病诊治

一、一般疾病诊治

（一）中毒性疾病

1. 肉毒梭菌中毒

本病是由肉毒梭菌污染鱼类、肉类等动物性饲料，细菌繁殖过程是产生大量的外毒素，动物食入后发生急性中毒，发病特点是急速、群发性，以四肢麻痹、眼球突出、口吐白沫为主要临床特征。最常见的毒素类型为 C 型、B 型和 A 型毒素。犬科动物对 B 型和 C 型毒素敏感，银狐对 C 型毒素敏感。

治疗原则：迅速排除可疑饲料，对发病动物采取有效措施，尽早治疗抢救，解毒，补液，排毒。

处方［1］ 阿扑吗啡，皮下注射，1 次 1～3 毫升，用于早期中毒的催吐。

处方［2］ 5%碳酸氢钠 10～20 毫升，灌肠。

处方［3］ 5%的葡萄糖 20～30 毫升，皮下分点注射，维生素 C 0.1～0.2 克，肌注。

处方［4］ 肉毒梭菌特异抗血清，每只 1 万单位，每 12 小时注射 1 次，连用 3 次。

处方［5］ 0.2%高锰酸钾 10～50 毫升灌服。

处方［6］ 1%硫酸铜 15～25 毫升灌服。

处方［7］ 活性炭 25 克，氧化镁 15 克，鞣酸 15 克，上述混合后，加温水少量灌服。

2. 酸败脂肪中毒（黄脂肪病）

该中毒病是由于长期饲喂了脂肪氧化的动物性饲料特别是含脂肪高的鱼类而引起的，食欲旺盛的毛皮动物发病率高，公比母发病率高，急性病例出现突发性死亡；慢性病例表现食欲下降，排稀便和血便，后躯麻痹并出现尿湿症。主要病变是脂肪肝、皮下脂肪、大网膜、肠系膜脂肪高度发黄、肾脂肪变性。

治疗原则：迅速排除可疑饲料，使用抗脂肪氧化药物对病兽治疗，补充维生素，防止继发感染引起合并症。

处方［1］　维生素 E，每次每只 10 毫克，每日 2 次，连用 7～10 天，复合维生素 B 0.5～1 克，每日 1 次，连用 7 天。青霉素 40 万单位，每日 2 次，连用 3 日。

处方［2］　0.1% 的亚硒酸钠维生素 E，肌注，每日 1 次，每次 1.0 毫升，连用 3 日。氯化胆碱 0.5 克，每日 2 次，维生素 B 50 毫克，每日 2 次，氟苯尼考 0.25 克，每日 1～2 次，拌饲料中喂服。

3. 黄曲霉毒素中毒

玉米、花生饼、葵花饼等受潮或堆放过久，容易产生霉变，毛皮动物食用了这些饲料后便发生急性或慢性中毒。临床表现呕吐，拉稀，血便及神经症状，胃肠黏膜出血、溃疡和坏死。肝脏、肾脏有坏死灶。

治疗原则：首先排除可疑饲料，对已出现中毒的，应解毒，抑菌。

处方［1］　葡萄糖粉 10 克，维生素 C 100～200 毫克，两性霉素 B，每次 0.2 克，一日 2 次，连用 5 天。

处方［2］　克霉唑，每次 1 克，每日 2 次，连用 5 天。

处方［3］　0.3%～0.5% 的硫酸铜，加入饮水中饮服。

4. 食盐中毒

鱼粉脱盐不彻底，计算失误，饲料加入食盐后调制不均或饲料食盐超量而饮水不足都能引起中毒。

治疗原则：立即停喂饲料，给予充足的饮水，保护心脏。

处方［1］　10% ~20% 的樟脑，0.2 ~0.5 毫升，皮下注射，5% 的葡萄糖 10 ~20 毫升，皮下分点注射。

处方［2］　25% 的葡萄糖 10 毫升，静脉注射。

5. 化学药物中毒

由于药物用量过大而造成中毒现象在毛皮动物经常发生。一些常规药物均按千克体重计算给药，不常用药物或毒副作用较大的药物必须慎用，最好先小群试验证实安全后再大群给药。一旦发生药物中毒时，应立即停药。

处方［1］　肾上腺素，0.25 毫克，皮下注射。

处方［2］　地塞米松，2.5 ~5 毫克，肌内注射。

处方［3］　强力解毒敏 1 ~2 毫升，肌内注射。

处方［4］　复合 B_2 毫升，维生素 C 1 ~2 毫升，肌内注射，5% 的葡萄糖 10 毫升，皮下分点注射。

（二）寄生虫病

1. 螨病

螨病是毛皮动物皮肤病之一，流行相当广泛，严重影响生长发育和毛皮质量，同时也是附红细胞体传播的媒介。其感染的类型有疥螨（体螨）、蠕形螨（寄生于毛束和皮脂腺）及痒螨（多在外耳道内寄生）。

治疗原则：杀螨，严格隔离，彻底消毒，防止复发，改善生存环境。

处方［1］　多拉菌素（通灭），0.03 毫升/（千克·周），每隔 7 日肌内注射 1 次，共注射 3 次。

处方［2］　伊维菌素，0.03 毫升/（千克·周），皮下注射，每7天注射1次。

处方［3］　害获灭，0.03 毫升/（千克·周），皮下注射，每7天注射1次。

处方［4］　多拉菌素，0.03 毫升/（千克·周），每7日肌注1次，复合B 2毫升，每日1次，强力解毒敏2毫升，每日一次，连用3天。

2. 蛔虫病

蛔虫病是毛皮动物常见的一种线虫病，幼龄兽感染率高，感染蛔虫后表现可视黏膜苍白，消瘦贫血，异嗜，呕吐，下痢，腹部膨大，个别病例有抽搐症状。严重时从口中吐出成虫，虫体穿透肠壁进入腹腔。

治疗原则：药物驱虫，增强机体免疫力，注意环境卫生和消毒，防止消化系统感染。

处方［1］　多拉菌素，0.03 毫升/（千克·周），每7日1次，连用2次。

处方［2］　伊维菌素，0.03 毫升/（千克·周），每7日1次，连用2次。

处方［3］　害获灭，0.03 毫升/（千克·周），每7日1次，连用2次。

处方［4］　驱蛔灵，100 毫升/（千克·周），拌饲料中喂服。

处方［5］　丙硫咪唑，10 毫升/（千克·周），拌饲料中喂服。

处方［6］　左旋咪唑，20 毫升/（千克·周），拌饲料中喂服。

3. 贾弟虫病

貉感染贾弟虫较普遍，狐也有感染，临床以脓性血便为主要特征，主要病理变化为盲肠的出血和溃疡，发病率均较高，其发病的病因与生存环境和环境卫生有直接关系。

治疗原则：药物杀虫，防止人的粪便污染环境，改善动物生存环境，创造动物舒适的生存空间，加强环境卫生和环境消毒。

处方［1］　呋喃唑酮（痢特灵），每次 0.05～0.1 克，每日 2 次，喂服。

处方［2］　甲硝唑，0.2 克，一次性投服，连用 3～5 天。

4. 心丝虫病

心丝虫病是狐、貉易感染的一种寄生虫病，虫体寄生于心脏及肺动脉引起循环障碍、呼吸困难和贫血，解剖时有的病例肺脏有小结节，内含幼虫。

治疗原则：药物控制，防止吸血昆虫叮咬或寄生。

处方［1］　二硫噻啉，20 毫升/（千克·周），喂饲，每日 1 次，连用 5～7 天。

处方［2］　海群生，15～20 毫升/（千克·周），拌饲，每日 1 次，连用 5 天。

处方［3］　菲拉松，1 毫升/（千克·周），喂服，每日 2～3 次，连用 7 天。

处方［4］　二乙基卡巴吗嗪，25 毫升/（千克·周），每日 2 次，连用 7～10 天。

（三）消化系统疾病

1. 消化不良

消化不良是幼狐胃肠机能紊乱的统称。主要以腹泻为特征。其发生的原因是多因素的卫生条件不良，低温多雨，潮湿闷热，寒流侵袭，维生素不足或缺乏，胃酸度降低，母狐乳汁不良，母狐患乳房炎，小狐采食时蛋白质过高等均能引起消化不良而导致腹胀腹泻粪便黏而恶臭，有时有气泡和消化不完全的乳块等。

治疗原则：改善狐舍卫生条件，降低各种应激反应，精心护理，补充营养。健胃、助消化，抗菌消炎。

处方［1］ 胃蛋白酶1～2克，益生素5克，或乳酸菌2克，或乳酸菌培养液5毫升，一次喂服。

处方［2］ 0.1%的高锰酸钾溶液10～20毫升灌服；2%的鱼石脂10毫升灌服。

处方［3］ 痢特灵0.1～0.2克，每日2次，喂服，连用3天。

处方［4］ 胃蛋白酶1～2克，乳酶生1克，口服或拌饲料中，庆大霉素2万～4万单位，肌注，1日2次。

处方［5］ 鲜鸡蛋1个，加5倍生理盐水混匀，再加0.5%的柠檬酸或草酸混合，纱布过滤，4℃保存，每只5～20毫升。

处方［6］ 大蒜10克，捣碎，加食醋10～20毫升，每只5～10毫升。

2. 胃、十二指肠溃疡

胃十二指肠溃疡也称消化性溃疡，与胃酸、胃蛋白酶和幽门螺杆菌感染有关。该症在狐多见，常发生天断乳后的仔狐，严重时能导致胃幽门部和十二指肠球部穿孔。有的病例溃疡面是呈大米粒大小的密集的凹陷溃疡；有的是呈凸起的密集的类似疣状物，在疣状物中央呈凹陷的。

治疗原则：保护胃黏膜，抗菌消炎，中和胃酸。

处方［1］ 阿莫西林0.2克，每日2次；次碳酸铋0.2克，每日2次，甲硝唑100毫克，每日2次，以上这3种药可合用。

处方［2］ 胃膜素5克，氧化镁0.5克，四环素50毫克，合用，每日2次。

处方［3］ 硫糖铝1.0克，次枸橼酸铋120毫克，氨苄青霉素0.5克，合用，一次服用，每日2次。

3. 急性胃扩张

毛皮动物发生急性胃扩张其原因有：饲料中膨化玉米面形成团块没泡开，采食量过大，饲料在胃内吸水膨胀导致胃破裂；胃幽门痉挛，肠道阻塞，吃了腐败变质或霉变的饲料，便秘，采食后剧烈运动等都可导致急性胃扩张的发生。以上因素均能使食物在胃滞留时间过长，发酵产气而造成胃急剧扩张。最后导致胃破裂和窒息死亡。

治疗原则：早发现，及抢救，先针刺胃部缓慢放气，待稍缓解后再将药物注入或灌服胃内。

处方［1］　鱼石脂 1~2 克，95% 酒精 5~10 毫升，豆油 10~20 毫升，普鲁卡因 50 毫克，一次注入胃里（先将鱼石脂溶入 95% 的酒精中，再与豆油、普鲁卡因混合）。

处方［2］　大蒜浸汁 10 毫升（将大蒜捣碎，用凉水浸泡后纱布过滤即大蒜汁）。豆油 10~20 毫升，鱼石脂酒精 10 毫升，一次灌服或注入胃中。

处方［3］　水合氯醛 2 克，95% 酒精 10 毫升，福尔马林 3~5 毫升，加水 50 毫升，一次注入胃内或灌服。

处方［4］　普鲁卡因粉 0.5 克，稀盐酸 5 毫升，石蜡油 30 毫升，一次灌服。

处方［5］　食醋 20~30 毫升，豆油 30 毫升，口服或胃内注射，如无效时，使用豆油 30 毫升，碳酸氢钠 5~10 克，灌服或胃内注射。

4. 卡他性肠炎

卡他性肠炎也称胃肠卡他，是胃肠黏膜表层的炎症。如长期喂腐败变质的饲料，饮水不洁，饲料突变，口服药物刺激，消化道寄生虫病及传染病发展过程中。

治疗原则：排除病因，清理胃肠，制止腐败发酵，调整胃肠机能。

处方［1］　石蜡或豆油20～30毫升，一次性灌服。

处方［2］　马丁林，每次2毫克，每日2次。

处方［3］　磺胺脒，0.2克/（千克·周），首次量加倍。

处方［4］　食醋20毫升，一次性灌服。

处方［5］　陈皮3克，干姜1.5克，厚朴3克，苍术3克，甘草1.5克，共为沫，加入加入饲料中喂饲。

5. 出血性肠炎

出血性肠炎是由卡他性肠炎或急慢性肠炎转化而来的，也常继发于某些传染病过程中。以粪便带血，肠黏膜出血为特征。

治疗原则：抗菌消炎，止泻止血，查明病因，清理肠胃，保护肠黏膜，解除中毒，防止脱水，维护心脏机能。

处方［1］　氟苯尼考，0.25克，肌内注射，每日2次，磺胺脒，每次2克，一日2次。

处方［2］　拜有利，每次肌注1～2毫升，每日1次，磷霉素，每次1～2克，每日2次，拌饲料中喂饲。

处方［3］　0.1%的高锰酸钾饮水，药用炭10克，加水中灌服。

处方［4］　硅炭银片5克，鞣酸蛋白3克，碳酸氢钠5克，加水溶解后灌服。

处方［5］　仙鹤草素注射液，5毫升，肌内注射，每日2次。

处方［6］　痢特灵0.01克/（千克·周）/日，一日2次。

处方［7］　复方穿心莲注射液，每日1次，每次2毫升。

处方［8］　庆大霉素，肌注，每次4万单位。

处方［9］　板蓝根注射液，每日1～2次，每次1～2毫升。

6. 腹膜炎

腹膜炎是腹膜局限性或弥漫性炎症，多为继发性的。如胃肠炎、急性胃扩张、肠套叠肠扭转、胃肠穿孔、子宫内膜炎、肝、膀胱及肾的炎症都可导致腹膜炎的发生，常伴有细菌感染，因而，按病因可分为细菌性腹膜炎和非细菌性腹膜炎。

治疗原则：抗菌消炎，除去病因，穿刺放液。

处方［1］　青霉素40万单位，链霉素50万单位，0.25%普鲁卡因25毫升，5%葡萄糖20毫升，混合后加温至35～37℃，一次性腹腔注射。

处方［2］　拜有利1毫升，肌内注射。

处方［3］　鱼石脂1克，95%的酒精10毫升，一次性灌服。复方新诺明0.4克，每日2次，口服。

7. 肝炎

肝炎是由传染性因素和中毒因素引起的肝细胞炎症、变性、和坏死，进而发生黄疸及消化机能障碍，严重时导致神经症状。

某些病毒性和细菌性传染病发生发展过程中常导致肝脏的肿胀，坏死；长期喂腐败变质的饲料可导致肝中毒而发生炎症；蛋白质过高，肝功能异常，蛋白质分解有毒产物不能被肝有效降解，也能导致肝慢性中毒。

治疗原则：排除病因，保肝利胆，清肠制酵，促进消化机能，减少发酵产物吸收。

处方［1］　维生素C 200毫克，复合维生素B 2克，葡萄糖粉5克，每日2次。

处方［2］　能量合剂，1支/次，肌内注射，去氧胆酸片10毫克，每日2次，拌饲料中喂饲。

处方［3］　鱼石脂2克，5%的硫酸钠10～20毫升，内服肝泰乐0.2克，每日2次。

处方［4］　维丙肝20毫克，肌注，每日1次；肌苷0.1克，每日2次，喂饲。

处方［5］　茵陈2克，栀子0.8克，大黄0.4克，黄芩

0.6 克，板蓝根 2 克，共为末，一次喂饲。

（四）呼吸系统

1. 感冒

感冒是由于气候骤变、雨淋，动物机体被寒冷袭击而引起的以羞明流泪，鼻流清涕，呼吸加快，体温升高的一种急性、热性疾病。多发生在早春和秋末易变化季节。体弱的，营养不良的，患慢性病的，临床上亚健康狐更易发病，动物生存环境恶劣的发病率高。

治疗原则：解热镇痛，祛风散寒，控制肺部感染。

处方［1］　感康，每次 1 片，1 日 2 次。

处方［2］　康泰克每次 1 粒，1 日 1 次。

处方［3］　安乃近注射液，每只 2 毫升，1 日 1 次。青霉素 40 万单位，肌注，1 日 2 次。

处方［4］　复方穿心莲注射液，肌注，每只 1～2 毫升，1 日 1 次。

处方［5］　柴胡胡注射液，肌注，每只 2～3 毫升。

处方［6］　复方新诺明，0.2～0.4 克，1 日 2 次。感康，每次 1 片，1 日 2 次。

处方［7］　板蓝根注射液，肌注，每次 1～2 毫升，1 日 1 次。

预防：掌握气温变化的信息，提前做好防范措施。提高动物整体健康水平，增强动物抗应激能力。

2. 支气管肺炎

支气管肺炎也称小叶性肺炎或卡他性肺炎，临床表现呼吸困难，发热，咳嗽和鼻液增多，在传染病发生发展过程中，常伴发该病的出现。

治疗原则：消炎、止咳、制止渗出物渗出及对症疗法。

处方［1］　青霉素，40万~80万单位，肌注，每日2次，疗程3~6天。

处方［2］　青霉素，40万单位，链霉素，50万单位，混合后一次性肌注，每日2次。

处方［3］　磺胺嘧啶钠注射液0.4克，每日2次，疗程3天。

处方［4］　氟苯尼考0.2毫升/（千克·周），每日2次，疗程3天。

处方［5］　拜有利1.0毫升，肌注，每日1次，疗程3天。

处方［6］　红霉素每次0.5克，每日2次；或复方新诺明，首次0.5克，以后减半，每日2次。以上两种药物均喂饲。

处方［7］　庆大霉素，每次4万单位，每日2次，连用3日。

预防：动物发生感冒时要及时治疗，防止继发支气管肺炎。改善兽场环境，保持良好的卫生，及时清除蓄粪，夏季通风要好。

3. 大叶性肺炎

大叶性肺炎是整个肺叶发生的急性炎症。如伴发随着肺出血，即转为出血性肺炎。

治疗原则和用药同支气管肺炎。另可选用以下药物。

处方［1］　头孢菌素30毫升/（千克·周），每日2次，喂饲。或青霉素V 6毫克/（千克·周），每日2~3次，喂饲。

处方［2］　醋酸泼尼松，0.5~1.0毫克/（千克·周），每日1次，喂饲。盐酸麻黄碱，每次5毫克，每日1次，喂饲。氨苄青霉素，每次0.25~0.5克，肌注，每日2次。

处方［3］　维生素C，100~200毫克，肌注，卡那霉素25万~50万单位，每日2次，肌注。

(五) 泌尿生殖系统疾病

1. 尿湿症

尿湿症不是独立的病症，很多疾病都能导致尿湿症的发生，毛皮动物水貂发生的较多，狐、貉也有少数发生尿湿症。下列疾病，如结石（肾结石、膀胱结石、输尿管结石）；尿路感染；膀胱炎；治疗原则：除去病因，抗感染。

处方［1］　阿莫西林 0.25 克，维生素 B_1 50～100 毫克，维生素 E 10 毫克，胆碱 100 毫克，一次喂饲，每日 2 次，疗程 5～7 天。

处方［2］　青毒素 40 万～80 万单位，肌注，每日 2 次，疗程 3～6 天。同时饲料中添加维生素 A，胆碱和维生素 E。

处方［3］　0.1% 的高锰酸钾清洗局部；拜有利，每次肌注 1.0 毫升，每日 1 次，疗程 3 天。饲料中添加维生素 A、维生素 C、维生素 E 和复合维生素 B。

2. 睾丸炎

睾丸炎在芬兰原种北极狐多见是睾丸和附睾的炎症的总称。表现一侧性或双侧性炎症。触摸睾丸发硬，肿胀，有有热感，缺乏弹性；慢性睾丸炎睾丸发生纤维变性，萎缩变小。

发生的原因有机械性外伤，如撞击、挤压、硬物刺激等；传染性因素如支原体、衣原体、布氏杆菌、加德纳氏菌、沙门氏菌等。

治疗原则：控制感染和预防并发症，避免转化为慢性睾丸炎。

处方［1］　睾丸局部先冷敷，然后再温敷，局部涂擦鱼石脂软膏。

处方［2］　5% 葡萄糖生理盐水 250 毫升，氨苄青霉素 2.0 克，地塞米松 10 毫克，维生素 1.0 克，氧氟沙星 0.4 克，1 次静脉注射。10%的复方氨基比林5毫升，肌注。

处方［3］　贯众60克，去毛洗净，加水700毫升，煎至500毫升，每次25毫升，1日1次，用其拌饲料或灌服。

处方［4］　鲜茯苓根茎120克，去须、洗净、切片，加水500毫升，煎沸后以文火再煎20分钟，去渣，每天1次，每次灌服30毫升。

处方［5］　拜有利1~2毫升，每日1次，肌注，疗程5~7天。

3. 尿结石

尿结石是指尿道、膀胱、输尿管和肾的结石总称。毛皮动物中，水貂发生的较多，狐也有发病，特别是不饮水饲喂法饲料较黏稠的，以碱性结石为主，结石的形成起源于肾或膀胱，而阻塞可发生在输尿管及尿道。一般认为，尿石症的发生与尿的pH值有直接关系，酸性尿可阻碍结石的形成，碱性尿能促进结石的形成。此外，饮水不足、维生素A不足或缺乏、饮水中钙质过高、肾炎和尿路感染、服用磺胺类药物等都是结石形成的诱因。

治疗原则：改善饲养，保证饮水充足，除去病因。促进结石排出，控制尿路感染。

处方［1］　食盐疗法，在食物中添加0.5~5克食盐，保持饮水盒充足水量，让其食后大量饮水，促进结石尽快排出。

处方［2］　食醋疗法：每日在饲料中添加5~10毫升食醋，对水貂尿结石有显著的预防效果。

处方［3］　稀盐酸，1~2毫升，加水50~100毫升，灌服。

处方［4］　阿莫西林，0.25克，维生素A 1 000单位，维生素E 10毫克，一次性喂饲。

处方［5］　芒硝150克，滑石50克，茯苓30克，冬葵子30克，木通50克，海金砂35克，共为末，加饲料中喂饲，每次 10 克，1 日 2 次。

4. 阴道炎

阴道炎是阴道前庭和阴道黏膜的炎症。多发生于经产狐或由病原感染（如阴道加德纳氏菌）引起的，发生难产后也能继发急性阴道炎。

治疗原则：及时诊断，迅速采取抗菌消炎措施。

处方 [1]　0.1% 的高锰酸钾或 0.1% 雷夫奴尔冲洗阴道，然后涂氯霉素或四环素软膏。

处方 [2]　洁尔阴冲洗阴道，灭滴灵 0.2 克，拌饲料中喂饲，或用甲硝唑阴道泡腾片阴道给药，每次 0.2 克。

处方 [3]　氟苯尼考 0.25 克，喂饲，每日 2 次或复方新诺明 0.4 克，喂饲，每日 2 次。洗必泰栓，阴道内填充。

5. 子宫内膜炎

子宫内膜炎是产后子宫内膜发生的炎症，炎症扩散可发展为子宫肌炎和子宫浆膜炎。其原因有：病原微生物感染如绿脓杆菌、沙门氏菌、布氏杆菌等；难产、胎衣不下、子宫脱出、子宫复位不全、流产、死胎、烂胎等，慢性子宫内膜炎都能导致子宫内膜炎的发生，严重时子宫积脓而引起败血症。

治疗原则：抗菌消炎，防止感染扩散，清除子宫内膜渗出物，促进子宫收缩。

处方 [1]　庆大霉素 8 万单位，一次肌注。

处方 [2]　妥布霉素 40 毫克，肌注；青霉素 80 万单位，肌注。

处方 [3]　0.1% 的高锰酸钾溶液；阴道内冲洗，垂体后叶素 0.5 单位，肌注；拜有利 1.0 毫升，肌注。

处方 [4]　氨苄青霉素 0.5 克，肌注；维生素 C 100 毫克，肌注；复合维生素 B 2 毫升，多黏菌素 B 20～30 毫克，肌注。

（六）产科疾病

1. 难产

一般母兽已到预产期并出现临产的表现，同时，阴道内排出物，母兽呻吟不断，频频努责，时间超过 24 小时以上即可视为难产。如母体过肥、产道狭窄，胎儿畸形，胎儿过大，胎位异常，子宫炎症，死胎等都是造成难产的因素。

治疗原则：确定难产的原因，及时采取有效措施助产。

处方［1］　垂体后叶素 0.5～1.0 单位，间隔 20～30 分钟，再注一次，如过 24 小时后仍不娩出，可人工助产或行剖腹产。

处方［2］　麦角 0.1～0.5 毫升，肌注。

处方［3］　苯甲酸雌二醇 2 毫克，肌注。

处方［4］　PGF2α 1～2 毫克，肌注。

2. 乳房炎

急性乳房炎发生于仔兽吮乳损伤或乳房外伤，也见于哺乳期突然断乳或仔兽全部死亡而导致乳汁积滞；慢性乳房炎多见于老龄兽，可能与体内激素变化有关。最常见感染的病原菌为葡萄球菌和链球菌，此外，大肠杆菌等肠杆菌科细菌及化脓性棒状杆菌也是引起乳房炎的病原菌。

治疗原则：抗菌消炎，查找病因，降低炎性反应，结合理疗法治疗。

处方［1］　青霉素，40 万～80 万单位，肌注，每日 2 次。

处方［2］　青霉素，80 万单位，链霉素 50 万单位，混合后肌注，每日 2 次。

处方［3］　卡那霉素 25 万～50 万单位，肌注，每日 2 次。

处方［4］　拜有利，每只 1.0 毫升，肌注，每日 1 次。

处方［5］　氟苯尼考，每只 0.25 克，肌注。每日 2 次。

3. 产后感染

母兽在分娩时或产后，生殖器官发生剧烈变化，排出的胎儿可能在子宫及软产道造成不同程度的黏膜损伤，产后子宫颈开张，子宫内滞留恶露以及胎衣不下等，这些变化都给微生物的侵袭和繁殖创造了重要条件。

产后外阴部松弛，外翻的黏膜和垫、笼网及尾部接触；胎衣不下及子宫脱出等，都可使外界微生物如葡萄球菌、链球菌、大肠杆菌、化脓性棒状杆菌侵入。另一种情况就是正常存在于阴道内的微生物由于黏膜的破损导致屏障系统功能破坏而侵入黏膜下层大量繁殖产生致病作用。

治疗原则：产前做好小室，笼网的严格消毒，控制感染，防止产后热的发生。

处方［1］　拜有利1.0毫升，肌注，每日1次。产后注射0.5单位的催产素，促进子宫恶露排出。

处方［2］　氨苄青霉素0.25～0.5克，肌注。

处方［3］　青霉素40万～80万单位，庆大霉素4万～8万单位，产后分别肌注。

处方［4］　百菌消－30，1∶200倍稀释产前对垫草、笼网进行喷雾消毒，长效土霉素，0.25～0.5克，一次性肌注。

（七）神经系统疾病

1. 脑炎和脑膜炎

脑炎和脑膜炎的发生与传染性和中毒因素有关。在传染性因素中有病毒性的狐脑炎，如腺病毒，犬瘟热副黏病毒等；有细菌性的如脑膜炎双球菌、肺炎链球菌、流行性感冒嗜血杆菌、李氏杆菌等；中毒性疾病如霉玉米中毒、肉毒梭菌中毒、食盐中毒等。

治疗原则：抗菌消炎、降低颅内压，加强护理，制造安静环境。

处方［1］ 20%的甘露醇，1～2克/（千克·周），静脉注射；青霉素80万单位，肌注。

处方［2］ 磺胺嘧啶钠注射液，肌注，每日2次，每次0.4克；2.5%的盐酸氯丙嗪溶液，1～1.5毫升，肌注。

处方［3］ 25%的山梨醇注射液，1～2克/（千克·周），静脉注射；氟苯尼考，0.25～0.5克，肌注。

处方［4］ 氨苄青霉素，每次0.5克，每日2次，肌肉注射。

处方［5］ 庆大霉素，每次8万单位，肌注。

处方［6］ 丁胺卡那霉素25万～50万单位，头孢噻肟，1～2克，肌注，每日2次。

2. 后肢麻痹

这是一种神经症状，多发生在生长期的育成兽，北极狐发生的较多，表现在后肢运动障碍到不能站立。生长发育速度较快的出现症状多。其发生的原因可能有：碳水化合物过高导致机体钾的吸收障碍；肝脏功能异常如慢性肝炎、脂肪肝、肝硬化等，肝脏不能正常解毒，肠道内细菌有毒代谢产物可直接作用于中枢神经系统；动物摄取大量蛋白质，消化道出血、低血钾等也是发病的诱因。

治疗原则：除去病因，改善代谢紊乱，解毒保肝，清除脑毒性物质。

处方［1］ 降低饲料中玉米面含量，补充钾，或增加钾含量高的动物性饲料如肝脏、肌肉、血和脑等。

处方［2］ 乳果糖15～20毫升，新霉素0.5克，甲硝唑0.1克，喂饲，每日2次。

处方［3］ 谷氨酸2.0克，喂饲，每日2次，左旋多巴，0.25克，喂饲，每日2次。

处方［4］　地塞米松2毫升，肌注，每日1次；维生素B_1 50～100毫克，每日2次，肌注。

处方［5］　加兰他敏注射液，0.5～1.0毫克，肌注，每日1次；维生素B_2注射液，肌注，每次2毫升。

3. 中暑

中暑分为日射病和热射病。夏秋炎热季节，头部长时间受到日光直射，引起脑及脑膜充血和脑实质的急性病变，导致中枢神经系统机能障碍称日射病；如在炎热季节再加上潮湿闷热，机体产热释放困难，可引起严重的中枢神经紊乱称热射病。

中暑发生发展迅速，能导致急剧死亡，在高温高湿季节应引起高度重视。否则易造成严重损失。我国饲养的毛皮动物，每年都有此类病的发生。

治疗原则：防暑降温、镇静安神、强心利尿，缓解酸中毒。

处方［1］　1%的冷盐水饮服，冰凉水冷敷或以凉水灌肠。

处方［2］　2.5%的盐酸氯丙嗪，1毫升，肌注。

处方［3］　25%的尼克刹米，1毫升，皮下注射。

处方［4］　5%的葡萄糖生理盐水20～30毫升，腹腔注射。

4. 自咬症

自咬症是毛皮动物特别是水貂、北极狐易发生的一种以神经紊乱，对刺激敏感性增高的一种症状，表现疯狂地撕咬躯体或四肢的某一部位或尾部，其发生的原因有多种说法，如微量元素缺乏；汞过载提法；病毒感染提法，耳痒螨报道等。但上述观点目前看都不成立，因此，自咬症可能是一种神经类型即敏感的神经质型，从实践上看，有遗传性但无传染性。从发生的原因分析可能有以下因素：动物本身具备高敏感的神经质型；狭窄的笼子对动物精神所造成的影响；饲养环境恶劣对动物精神造成的刺激；分窝后单独饲养过早对动物造成的孤独感等。

治疗原则：淘汰神经敏感型个体，发生的自咬的毛皮兽不能做种用，改善饲养环境、增加笼子面积，减少环境刺激。抗炎、抗过敏、镇静。

处方［1］　仔狐断乳后，3 只或 2 只养在一起时间尽可能往后延长。

处方［2］　氯丙嗪注射液，1 毫升，肌注；地塞米松，0.5～1.0 毫升，肌注。

处方［3］　扑尔敏 1 次量 0.25～5 毫克，肌注。

处方［4］　苯海拉明，肌注，1 次 10～20 毫克。

处方［5］　截断门齿，用骨科剪将门齿截断 1/2。

处方［6］　戴围套，在颈部用硬橡胶制作围套，使头部无法回身。

处方［7］　将自咬的毛皮动物放一宽敞的笼里饲养，保持安静，减少外界刺激，并给予镇静药控制。

处方［8］　洋金花 1 克，粉为末，扑尔敏 5 毫克，维生素 E 10 毫克，复合维生素 B 0.5 克，地塞米松 0.75 毫克，一次性喂饲，每日 1 次，连用 7～10 天。

（八）外科疾病

1. 阴茎麻痹

人工输精北极狐发生的较多，可能是支配阴茎的神经、阴茎或阴茎缩肌发生及骨髓发生了机械性损伤。某些传染性因素和中毒性因素也能导致阴茎麻痹。

治疗原则：除去病因，防止感染，让病狐安静休息。

处方［1］　0.1% 的高锰酸钾溶液清洗阴茎，然后将阴茎还纳到包皮内，并在包皮外口作不影响排尿的暂时性缝合。

处方［2］　热敷，用温热的湿毛巾热敷脱出的阴茎，将豆油或花生油涂于手上对阴茎按摩。

处方［3］ 硝酸士的宁注射液，0.5～1.0 毫克，皮下注射。

2. 直肠脱

直肠脱即脱肛，是直肠末端的黏膜或直肠的一部分或大部分由肛门向外翻转脱出，而不能自行复原的一种疾病，其发生的诱因为长时间下痢、便秘、病理性分娩、肠道刺激性药物作用致使腹内压增高及维生素缺乏等。

治疗原则：排出病因如腹泻、便秘，给予充足的饮水，尽早采取有效措施治疗。

处方［1］ 以 0.25% 的温热高锰酸钾溶液或 1% 的明矾溶液清洗患部除去坏死黏膜及污染物，然后用手指谨慎地将脱出的肠管还纳，之后在肛门处用热毛巾温敷。

处方［2］ 整复后进行温敷无效时，应予以缝合，防止再脱出。即于距肛门孔 1～3 厘米处，在肛门周围做荷包缝合，但在收紧缝线时，要留出排粪口，打成活结，待除去病因，病兽不再努责时可拆除缝线。

处方［3］ 在整复的基础上，以 95% 的普鲁卡因距肛门孔 0.5 厘米处，于上侧、左右两侧分点注射，每点注射 1～2 毫升，进针方向与直肠平行，深度为 1～2 厘米。

处方［4］ 在整复还纳的基础上，以 2～4 毫克剂量的硝酸士的宁后海穴注射，然后在肛门周围边缘约 1～2 厘米处皮下，注射 2% 的普鲁卡因酒精（普鲁卡因 2 克，95% 酒精 100 毫升）5～10 毫升，使其发生水肿以防止脱出，每日 2 次，连续 2 天即可治愈。

3. 脓肿

在组织或器官内形成外有膜包囊的，内有脓汁潴留的局限性脓腔即为脓肿。它是由葡萄球菌、大肠杆菌、克雷伯氏菌等致病菌感染引起的某些佐剂疫苗，药物注射等强烈刺激也能形成局部脓肿。也可通过外伤感染。毛皮动物的克雷伯氏菌脓肿较常见。狐在爪垫、趾（指）间也常形成由葡萄球菌感染引起的脓肿，其他脓肿或由外伤引起，或由皮肤炎症引起，或注射药物和疫苗时，针头和注射部位消毒不严格引起。

治疗原则：抗菌消炎，止痛彻底除脓汁，清洗消毒，局部封闭结合全身疗法。

处方［1］　于肿胀初期病变较硬时，用鱼石脂酒精，樟脑软膏或醋酸铅散冷敷，然后再施以热敷疗法，肌内注射青、链霉素或口服复方新诺明。或注射、口服同时进行。

处方［2］　当触摸肿胀部位有明显的波动时，有肿胀最明显的部位用外科手术刀做一利于排脓的纵向切口，彻底排除脓汁后，用双氧水反复清洗，直至无气泡产生为止，然后在肿胀周围分点注射广谱抗生素如恩诺沙星、庆大霉素、青、链霉素、丁胺卡那霉素、阿奇霉素等。

4. 结膜炎

结膜炎是结膜表面或或实质的炎症，为最常见的一种眼病。结膜是覆在眼睑内面和眼球表面（不包括角膜）薄而透明的膜。一般分为卡他性、化脓性及急性和慢性结膜炎。但一般无严格区分，卡他性可转化为化脓性的且常波及角膜而形成溃疡。慢性的常由急性转化而来。从病因看，有机械性的、化学性的、紫外线刺激和传染性的。其中，传染性因素可能是主要的，如犬瘟热、支原体、衣原体、真菌、葡萄球菌、链球菌、肺炎双球菌、流感杆菌感染等。此外还有病毒性的。

治疗原则：除去病因，抗菌消炎，尽早治疗，防止炎症扩散和发展。

处方［1］　3% 硼酸或 0.1% 雷佛奴尔清洗，然后涂氯霉素眼药膏，每日 2 次。

处方［2］　0.5% 的庆大霉素，每 2 小时滴 1 次。

处方［3］　0.3%的妥布霉素，每4小时滴1次。

处方［4］　0.3%的氧氟沙星，每日滴3次。

处方［5］　0.1的疱疹净+0.5%庆大霉素+0.5%的醋酸可的松滴眼，每日3~4次。

处方［6］　30%的板蓝根点眼，每日3~4次。

处方［7］　10%的磺胺嘧啶钠+等量的病毒灵注射液，每日4次。

处方［8］　利福平和氯霉素眼药水交替点眼，每日3~4次。

处方［9］　强的松、病毒唑、氯霉素、普鲁卡因，各注射液等量混合，眼睑皮下注射，每日1次。

处方［10］　硫酸锌0.1克，盐酸普鲁卡因0.05克，硼酸0.3克，0.1的肾上腺素2滴，蒸馏水100毫升，混匀后点眼，每日3~4次。

处方［11］　金银花30克，蒲公英10克，放入200毫升，水中，煎成100毫升，四层纱布过滤，用其滤液点眼。

处方［12］　青霉素10万单位，鱼肝油2毫升，灭菌牛奶10毫升，混合后点眼。

处方［13］　4%的葡萄糖+自家血点眼，每日3次。

处方［14］　1%的碘仿软膏，每日涂2次；普鲁卡因青霉素，每日滴3~4次或作眼睑皮下注射。

（九）营养代谢病

1. 佝偻病

佝偻病是幼龄毛皮动物维生素D缺乏或钙、磷代谢障碍导致的骨营养不良。临床上以消化紊乱、异嗜、运动障碍、骨骼变形为特征。其发生的病因有：母兽妊娠期维生素D补充不足，胎儿数量较多；产后泌乳量过大，饲料添加不足；饲料中钙、磷比例失调（正常钙与磷比例为1∶1或2∶1），也能导致钙磷吸收障碍；维生素A、维生素C缺乏也会使动物骨骼发生畸形。此外，微量元素铁、锌、铜、硒、锰缺乏也可导致佝偻病的发生。

治疗原则：增加光照，满足饲料中钙磷的含量，以维生素D制剂或补充钙磷制剂。

处方［1］　磷酸氢钙，每日5~10克，连用5~7天。

处方［2］　维生素D_2胶性钙注射液，肌注，每只1毫升，每日1次，连用3日。同时口服葡萄糖酸钙口服液，每次一支10毫升。

处方［3］　鱼肝油，喂饲，每次3~5毫升，1日2次。

处方［4］　维生素AD注射液，每日1次，每次1~2毫升。

2. 食毛症

食毛症是由于营养素缺乏、不足或失调而引起的以啃咬自身被毛为特征的一种营养代谢性疾病。除头部外凡是能咬到的部位都可成为食毛的对象，多数部位在尾部、背侧和腹侧面，严重病例如水貂外观似裸貂，且有异嗜现象，毛皮动物水貂易发生自咬，其次为狐、貉。

治疗原则：调整饲料结构，保持饲料营养平衡，饲料的多元化，于不同生物学时期，保证蛋白质、维生素、微量元素的需要。

处方［1］　蛋氨酸1.0克，生石膏粉2.0克，复合B 1.0克，混匀后喂饲，每日1~2天。

处方［2］　电解多维2克，蛋氨酸1克，硫酸亚铁1克，硫酸铜0.2克，一次喂饲，每日2次，连用10天。

处方［3］　复合维生素B 2克，硫酸钙2克，葡萄糖酸锌2克，蛋氨酸1克，羽毛粉5克，一次喂饲，每日2次，连用10天。

3. 脱毛症

动物的皮肤没有特殊的病变，一种自然的被毛脱落状态称为脱毛症。毛皮动物脱毛症规律一般是从背部开始逐渐向两侧和前后部延伸，先脱掉针毛，然后再脱掉绒毛，皮肤没有皮屑，也无炎症反应和硬感。

其发生的原因有：微量元素缺乏；维生素缺乏；内寄生虫感染；内分泌失调；慢性中毒病，必需氨基酸缺乏。

治疗原则：查明病因，改善饲养管理，补充营养，驱虫或解毒。

处方［1］　葡萄糖酸锌，每次2~4克，1日2次，连用7~10天。

处方［2］　葡萄糖酸锌2~4克，复合B 2克，一次性喂饲，每日2次，连用7~10天。

处方［3］　多拉菌素0.2~0.5毫升，肌注，每7天1次；地塞米松，每次1毫升，每日1次，连用3天。

处方［4］　蛋氨酸2克，硫酸锌1克，电解多维2克，微量元素添加剂2克，一次喂饲，每日2次，连用料7~10天。

处方［5］　高级营养素3克，每日1次，连用10天。

处方［6］　樟脑软膏涂布，每日1次，理疗按摩，每日1次，每日人为增加光照2小时，连续7天。

4. 白底绒

白底绒是毛皮病变的一种症状，即毛皮动物冬季接近取皮时，绒毛色泽变淡发白。其发生可能的原因有：长期饲喂生鸡蛋；长期饲喂磺胺类及抗生素；长期饲喂被甲醛浸泡过的饲料。

治疗原则：除去病因，科学饲养。

处方［1］　生物素，喂饲，每次3~5毫克，每日2次；肌注，5~10毫克，每日2次。

处方［2］　硫酸亚铁，50毫克，复合维生素B 2克，每日

2 次，喂养饲，疗程 5 ~ 7 天。

处方［3］　硫酸亚铁，50 毫克，硫酸铜 50 毫克，生物素 5 毫克，维生素 B_{12}0.1 毫克，一次性喂饲。

5. 狐大爪症

狐大爪症是一种营养元素缺乏症。狐断乳后进入育成期时，该症陆续出现，多数表现食欲不振，被毛粗乱，消瘦，生长缓慢，贫血，最后成为僵狐。爪变化最明显，爪垫和趾间上皮细胞增生、变厚、发硬和高度角质化，最初趾（指）甲长而弯，肉垫轻微肿胀，有上皮脱落，以后肿胀加重发硬，干裂出血，最严重时发展为“石灰”爪至“石头”爪，从行走障碍到驻立困难甚至驻立艰难。少数病例在四肢和体表出现鳞屑样上皮脱落。极少数全身皮肤发硬、掉毛甚至皮肤出现孔洞，触摸时有肿块或痉挛样感觉。

治疗原则：调整饲料，补充营养素，爪部消炎。

处方［1］　复合 B 注射液，每日 2 次，每次 1 ~ 2 毫升，连用 7 ~ 10 天。

处方［2］　氧化锌软膏，每日于脚垫部处涂 1 次，连用 3 天后，再涂碘甘油软膏，此外口服电解多维，每次 3 ~ 5 克，每日 2 次。

处方［3］　烟酸，喂饲，每次 25 ~ 30 毫克，复合 B 5 克，每日 2 次，疗程 7 天。

（十）维生素缺乏症

1. 维生素 A 缺乏症

维生素 A 具有促进生长，维持皮肤、结膜、角膜及黏膜正常机能并能增强视网膜的感光力，同时参与体内许多氧化过程，尤其是不饱和脂肪酸的氧化。当维生素 A 缺乏时，毛皮动物则出现生长停止，骨骼发育不良，生殖机能减退，皮肤粗糙，角膜软化并发生干燥性眼炎，生殖机能障碍如精子形成障碍、精液品质下降睾丸萎缩、母兽流产、死胎及产下弱胎。

治疗原则：及时确诊，立即补充维生素 A 制剂，增加日粮中肝、蛋、乳及肉的供给量。

处方［1］ 维生素 A 注射液，每千克体重 400 单位，皮下注射，每日 1 次。

处方［2］ 鱼肝油乳剂，喂饲，1 日 2 次，每次 3 ~ 5 毫升。

处方［3］ 维生素 AD 胶丸，喂饲，每日 1 次，每次 1 丸。

2. 维生素 C 缺乏症

维生素 C 又称抗坏血酸，其主要功能为可降低毛细血管的通透性，加速血液凝固。刺激凝血功能，同时参与解毒功能，增加对各种感染的抵抗力，促进外伤感染伤口愈合，急、慢性肝炎使用维生素 C 能降低肝的损害程度。

毛皮动物维生素缺乏或不足时，能引起“红爪病”，特征是皮肤、内脏器官出血，贫血，齿龈和爪垫溃烂、坏死、关节肿胀。

幼兽出生后在一定时间内不能合成维生素 C，必须从母乳获取，若母乳中缺乏或不足即引起本病，慢性腹泻，影响维生素 C 的吸收和利用。肺炎、传染病、应激反应，维生素 C 消耗增加而引起缺乏。

治疗原则：及时诊断，补充维生素 C 治疗，增加饲料中维生素 C 量，在动物发生疾病和应激反应严重时，注意维生素 C 的补饲。

处方［1］ 维生素 C，每次 100 毫克，每日 2 次，连用5 ~ 7 天。

处方［2］ 10% 的维生素 C 注射液，每次肌注 1 毫升，每日 2 次。

处方［3］ 10%的维生素C 1毫升，5%葡萄糖5毫升，皮下分点注射，每日1~2次。

3. 维生素E缺乏症

维生素E又称生育酚，其对生殖功能、脂肪代谢均有影响，能促进精子的生成，提高精子活力，增加卵巢机能，使卵泡增加，黄体细胞增大并增加孕酮的作用，此外维生素E还具有抗脂肪氧化作用、抗应激作用及提高疫苗对机体的免疫应答水平作用。

当其缺乏或不足时，可引起小兽有肌营养不良，成年兽的繁殖障碍。常用于公母兽的繁殖期和妊娠期，炎性皮肤病、皮肤角化症及脱毛症、黄脂肪病。小兽在微量元素硒缺乏时也常伴发维生素E缺乏。

治疗原则：调整日粮组成，供给富含维生素E的饲料和添加维生素E，长期饲喂鱼类，脂肪高的饲料应考虑多补充维生素E。

处方［1］ 维生素E胶丸，每日2次，每次100毫克，喂饲。

处方［2］ 亚硒酸钠－维生素E注射液，10毫克/（千克·周），每日1次，肌注。

4. 维生素D缺乏症

维生素D常与维生素A共存于鱼肝油中，此外，鱼类的肝脏及脂肪组织中以及蛋黄、乳汁、奶油、猪肝、鱼子中也含有维生素D。

维生素D对钙，磷代谢及仔兽骨骼生长有重要影响，能促进钙、磷在小肠内吸收并能促进肾小管对钙的吸收。当其缺乏时，动物体吸收钙、磷能力下降，血中钙、磷水平降低、钙、磷不能在骨组织上沉积，成骨作用受阻，甚至骨盐再溶解。因而发生佝偻病，成年动物则发生骨软病或骨纤维性营养不良。

治疗原则：供给富含维生素 D 的饲料或按毛皮动物不同生物学时期补饲鱼肝油等，保证动物有足够的光照。一旦出现症状时，及时用维生素 D 制剂治疗。

处方［1］　鱼肝油，喂饲，每次 5 毫升，每日 2 次，疗程为 5 ~ 10 天。

处方［2］　维生素 D_2 胶性钙注射液，肌注，每次 0.25 万 ~ 0.5 万单位。

处方［3］　维生素 D_3 注射液，肌注，每次 0.5 ~ 1.0 毫升，每日 1 次。

处方［4］　维生素 AD 胶丸，喂饲，每次 1 ~ 2 丸，每日 2 次。

处方［5］　维生素 A、维生素 D 复合注射液，肌注，每日 2 次，每次 0.5 ~ 1.0 毫升。

5. 维生素 K 缺乏症

维生素 K 是动物体内合成凝血酶原所必需的物质当其缺乏或不足时，血液中凝血酶原和凝血因子减少，血液凝固过程发生障碍，凝血时间显著延长及全身皮下和内脏发生广泛性出血。当动物外伤、采血、分娩遇到出血不止现象时，维生素 K 缺乏可能是主要原因。

饲料发霉变质，动物长期用磺胺类和广谱抗生素可杀死肠道正常菌群，从而抑制了大肠杆菌合成维生素 K；患肠道疾病和慢性肝炎，对脂肪的消化和吸收发生障碍也能减少对维生素 K 的吸收。幼龄毛皮动物全身合成维生素听能力较差，而维生素 K 不易通过胎盘屏障输送给胎儿，因而容易发生缺乏。

治疗原则：补充维生素 K 制剂，查明并消除病因。

处方［1］　维生素 K_3 注射液，肌注，每日 1 次，每次 2 ~ 5 毫克，连续 3 ~ 5 天。

处方［2］　维生素 K_1 注射液，肌注，每次 5 ~ 10 毫克，每日 1 ~2 次。

处方［3］　维生素 K_4，喂饲，每次 2 ~4 毫克，每日 2 次。

6. 维生素 B_1 缺乏症

维生素 B_1 又称硫胺素，其广泛存在于酵母、麦麸、瘦猪肉、米糠、花生中，也可由肠道合成。其缺乏或不足有如下原因：毛皮动物长期饲喂生的江杂鱼或河杂鱼，这类鱼体内含有能破坏维生素 B_1 的硫胺素酶，帮引起维生素 B_1 分解；动物发生慢性肠炎，长期腹泻；母兽妊娠后期补充不足，胎儿数量又较多时；某些引起高热性的传染病；长期服用抗生素和磺胺类；动物长期处于应激状态；饲料中蛋白质严重缺乏而碳水化合物过高时。

毛皮动物维生素 B_1 缺乏时，表现大群食欲不振或食量剧减，运动失调，肢体麻痹，抽搐，角弓反张，体表发凉，可视黏膜苍白。

治疗原则：供给富含维生素 B_1 的饲料，如麦麸、麦芽、肝、乳、瘦肉，饲料中可添加维生素 B_1，以江杂鱼、河杂鱼为主的动物性饲料必须熟制后饲喂毛皮动物。

处方［1］　盐酸硫胺素注射液，0. 25 ~0. 5 毫克/（千克·周），肌内注射，每日 2 ~4 次。连用 3 ~4 天。

处方［2］　维生素 B_1 注射液，肌注，每次 50 ~100 毫克，每日 2 ~4 次。

处方［3］　维生素 B_1 片剂，喂饲，每次 50 ~100 毫克，每日 2 ~3 次，

处方［4］　丙酸硫胺注射液，肌注，每次 5 ~20 毫克，每日 3 次。

处方［5］　呋喃硫胺注射液，肌注，每次 1 ~2 毫克，每日 3 次。

处方［6］　复合维生素 B，喂饲，每日 2 次，每次 3 ~5

克；维生素 B_1 注射液，肌注，每次 50～100 毫克，每日 3 次。

7. 维生素 B_2（核黄素）缺乏症

胃肠道微生物能大量合成维生素 B_2，动物肝脏、肾脏与肉类，干酵母中，大豆，麦类及蔬菜中含维生素 B_2，乳类中也含有少量维生素 B_2。

当其缺乏或不足时，毛皮动物表现脂溢性皮炎，生长缓慢，肢体麻痹，体表局部脱毛，消化不良，呕吐和慢性腹泻。其原因有：胃、肠及肝的炎症，导致维生素 B_2 的吸收、转化及利用障碍；妊娠母兽胎数多，而饲料中不能满足需要；饲料熟制过程中损耗太大；长期大量地使用抗生素和磺胺类药；动物长期受到应激；育成兽快速生长期。

治疗原则：补充维生素 B_2，饲料中增加酵母、肝、奶、肉及蔬菜的供给。

处方［1］　维生素 B_2 注射液，0.1～0.2 毫克/（千克·周），皮下或肌内注射，疗程 7～10 天。

处方［2］　核黄素，喂饲，每次 2～5 毫克，每日 2 次，连用 7～10 天。

处方［3］　复合维生素 B，喂饲，每日 2 次，每次 3～5 克，连用 7～10 天。

8. 泛酸（维生素 B_5）缺乏症

饲料中泛酸缺乏或不足，可导致毛皮动物生长缓慢、皮毛粗糙、皮炎、脱毛、爪垫增厚，外皮脱落，干裂出血。

麦麸、酵母、青绿蔬菜中均含泛酸。肠道也能合成一定量的泛酸，但毛皮动物对泛酸吸收能力较差。饲料是泛酸缺乏与饲料熟制时间过长有直接影响。玉米中泛酸含量较低，饲喂量过大，补充不足，都能造成泛酸的缺乏。饲料中维生素 C 量充足可降低机体对泛酸的需要量，维生素 B_{12} 缺乏时机体也增加对泛酸的需要量。

治疗原则：补充泛酸，调整日粮结构，增加肝、豆浆、乳制品、干酵母和新鲜蔬菜的饲喂量。

处方［1］　泛酸钙，喂饲，每次10～20毫克，每日1～2次，连用7天。

处方［2］　泛酸注射液，肌注，每日1次，每次1～3毫克，连用5～7天。

9. 胆碱（维生素 B_4）缺乏症

毛皮动物胆碱缺乏时，可引起生长发育迟缓，被毛粗糙无光，运动障碍，肝脂肪变性。

鱼粉、肉骨粉、酵母、豆类和油类是毛皮动物胆碱的主要来源。饲料中缺乏蛋氨酸、丝氨酸等合成胆碱的原料时，即可造成胆碱合成缺乏。叶酸和维生素 B_{12} 缺乏时，胆碱的需要量明显增加。幼龄动物体内合成胆碱的速度不能满足机体的需要，必须在日粮中添加，否则易发生缺乏症。胆碱能防止脂肪在肝脏中反常聚积，如缺乏时，动物发生脂肪肝。

治疗原则：在饲料中添加胆碱，同时供给含胆碱丰富的饲料，保证蛋白质的供给。

处方［1］　复合维生素B，喂饲，每次3～5克，每日2次，连用7～10天。

处方［2］　氯化胆碱，喂饲，每次1～2克，每日2次。

10. 烟酸（维生素 B_3）缺乏症

烟酸又称维生素PP或尼克酸，毛皮动物缺乏或不足时，表现食欲降低，消化机能减慢，皮肤粗糙，形成干硬的结节，爪垫肿胀、增厚、干裂出血。

烟酸广泛分布于谷类籽实及副产品和蛋白质中。动物体内可由色氨酸为原料合成烟酸。烟酸缺乏见于长期喂饲玉米的动物，因玉米中色氨酸及烟酸含量低，并且含有乙酰嘧啶，具有抗烟酸酰胺的作用。长期饲喂蛋白质偏低的饲料可促使发病。

处方［1］　烟酸，喂饲，每次10～20毫克，每日2次。

处方［2］　烟酰胺，喂饲，每次25～50毫克，每日2次。

处方［3］　维生素PP，25毫克，维生素C 10毫克，喂饲，每日2次。

处方［4］　复合维生素B 3～5克，维生素C 100毫克，葡萄糖粉5克，混合后一次喂饲，每日2次。

处方［5］　干酵母（食母生），喂饲，每次0.5克，每日2～3次。

处方［6］　复合维生素注射液，肌注，每日1次，每次2毫升。

11. 维生素B_6缺乏症

维生素B_6缺乏症是由于动物体内维生素B_6缺乏或不足引起的，以生长发育受阻，皮肤炎症，被毛粗乱，呕吐，肢体麻痹、抽搐、贫血为特征的一种营养代谢性疾病。

其发生的原因有：饲料加工、熟制过程中维生素B_6被破坏；饲料中含有破坏维生素B_6的某些拮抗物质；饲料中蛋白质量增加，而维生素B_6未增加；饲料中氨基酸特别是蛋氨酸、色氨酸过高引起氨基酸不平衡。

处方［1］　复合维生素B注射液，肌注，每次2毫升，每日1次。

处方［2］　复合维生素B片，喂饲，每次1～2片，每日2～3次。

处方［3］　维生素B_6注射液，肌注，每次25毫克，每日1次。

处方［4］　维生素B_6片，喂饲，每次25～50毫克，每日1次。

12. 生物素（维生素H）缺乏症

生物素也称维生素H，毛皮动物体内缺乏或不足时，能引起白底绒和毛褪色，皮炎、脱毛、爪垫干裂，皮肤粗糙，运动失调等症状。

生物素广泛存在于动物组织中，鱼粉，豆类及玉米中，且利用率高。饲料中的某些物质可抑制动物机体对生物素的利用，如生蛋清中含有卵白素，是一种抗生物素蛋白，与生物素结合而抑制其活性。长期饲喂广谱抗生素和磺胺类药，也能导致生物素缺乏，蛋白质、脂肪和碳水化合物代谢紊乱引起生物素缺乏。

处方［1］　生物素注射液，0.5～1.0 毫克/（千克·周），肌注，每日 1 次。

处方［2］　生物素片剂，喂饲，每日 2 次，每次 10～15 毫克。

处方［3］　复合维生素 B 注射液，每次 2 毫升，每日 1～2 次，肌注。

处方［4］　复合维生素 B 片剂，喂饲，每次 1～2 片，每日 2～3 次。

13. 叶酸缺乏症

叶酸缺乏症是由于毛皮动物体内叶酸缺乏或不足引起的以生长缓慢、繁殖机能降低、消化机能减退、皮肤粗糙、脱毛、毛色变淡、泌乳量降低及胚胎畸形为主要症状的代谢性疾病。

毛皮动物肠道微生物可以合成叶酸。如果动物在快生长期，补充不足容易引起缺乏。长期饲喂抗生素和磺胺类，能导致肠道微生物合成叶酸能力降低而发生缺乏。以鱼粉和肉骨粉为主要动物性饲料，也可导致叶酸缺乏。

治疗：

处方［1］　叶酸注射液，皮下或肌内注射，每次 100～200 毫克。

处方［2］　叶酸片或粉剂，喂饲，每次 100 毫克，1 日

2 次。

处方 [3]　复合维生素 B 3～5 克，每日 2 次，喂饲。

处方 [4]　毛皮动物专用高级营养素，喂饲，每日 3 克。

处方 [5]　叶酸片 100 毫克，维生素 C 100 毫克，维生素 B_{12} 0.1 毫克，一次性喂饲，每日 1～2 次。

14. 维生素 B_{12} 缺乏症

维生素 B_{12} 又称钴胺素其缺乏或不足可引起代谢紊乱生长发育受阻造血机能及繁殖机能障碍。临床表现食欲减退，生长缓慢，可视黏膜苍白，神经兴奋性增高，皮肤粗糙，慢性腹泻，肺易感染，后躯麻痹，流产，死胎。

发病的原因：饲料中长期使用抗生素和磺胺类药，使肠道正常菌群平衡失调，导致维生素 B_{12} 生物合成下降；动物患慢性胃肠炎，影响维生素 B_{12} 的吸收和利用；母乳不足或胎儿数量过多，易引起维生素 B_{12} 缺乏。

治疗：

处方 [1]　维生素 B_{12} 注射液，肌注，每次 0.1～0.2 克，每日 1 次。

处方 [2]　维生素 B_{12} 0.2 克，维生素 C 100 毫克，叶酸 100 毫克，喂饲，每日 1 次。

处方 [3]　辅酶维生素 B_{12}，肌注，每次 0.5 毫克，每日 1 次。

处方 [4]　辅酶维生素 B_{12}，喂饲，每次 0.1 毫克，每日 1 次。

预防：饲料中供给富含维生素 B_{12} 的饲料，如牛奶、鱼粉、鲜鱼、肉粉、大豆。饲料中添加氯化钴等含钴化合物。使用毛皮动物专用预混料。避免长期在饲料中添加抗生素和磺胺类药。毛皮动物患胃肠炎时，要补充维生素 B_{12} 或用益生素流通治疗。

（十一）微量元素缺乏症

1. 硒缺乏症

动物机体硒营养缺乏主要是饲料中硒含量不足或缺乏引起的。由于硒和维生素 E 在机体抗氧化作用中的协同性，且两者缺乏时的病理变化极为相似。因而临床上统称为硒—维生素 E 缺乏综合症，是指硒或维生素 E 单独缺乏或共同缺乏。

硒缺乏临床表现为骨骼肌的变性、坏死、肝营养不良和心肌纤维变性。水貂和貉缺硒时，发生白肌病，即在骨骼肌上可见呈白色或黄白色条纹状病变，尤以背最长肌明显，心肌、肝脏均有变性和坏死变化。

治疗：

处方［1］　硒—维生素 E 疗法：皮下或肌内注射 0.1% 亚硒酸钠溶液，0.1～0.2 毫升/（千克·周），维生素 E 5～10 毫克，每 5 天 1 次，共 2～3 次。

处方［2］　亚硒酸钠，0.1 毫升/（千克·周），维生素 C 100 毫克，维生素 A 1 500～3 000单位，复合维生素 B 3 克，一次性喂饲，每日 1 次，连用 3 天。

处方［3］　毛皮动物专用预混料，每日 3～5 克，喂饲。

处方［4］　硒力口服液，喂饲，每次 5 毫升，每日 1 次。

处方［5］　硒维尔（硒酵母片）喂饲，每次 1～2 片，每日 1 次。

处方［6］　奥硒康，喂饲，每次 2 片，每日 1 次。

预防：确保全价配合饲料或优质新鲜的动物性饲料。保证饲料中含足量的维生素 E，在缺硒的地区，要补充硒制剂或富含维生素 E 的饲料。

2. 锌缺乏症

锌是毛皮动物机体内不可缺少的微量元素之一，锌缺乏或不足时会引起食欲降低，上皮角化、骨骼变形、生殖器官发育受阻、被毛脱落、皮肤干燥、增厚、易裂，并出现痂皮为特征的临床症状。

饲料中铜、铁、锰、镉、钼等元素过多，能影响锌的吸收，而诱发锌的缺乏症，因此，对于微量元素添加剂或干配合饲料，在制造时必须考虑包被问题；高钙饲料也影响动物机体对锌的吸收；动物快速生长期对锌的需求量也增加，因此要适当补充。

治疗：

处方［1］　葡萄糖酸锌，喂饲，每次5～10毫克，每日2次。

处方［2］　硫酸锌，喂饲，3～10毫升/（千克·周），每日1次，连用10天。

处方［3］　复合蛋白锌10号，喂饲，每次2片。

处方［4］　碳酸锌，喂饲，5毫升/（千克·周），每日2次，连用7～14天。

处方［5］　营养素添加剂，每日3～5克，喂饲。

3. 铜缺乏症

毛皮动物铜缺乏症表现食欲降低，生长缓慢，消瘦贫血、皮肤色素褪化，指（趾）甲过度角化及心脏肥大、心肌变性等一系列症状。貉白鼻头症就是铜缺乏或不足所造成的。此外，铜缺乏可不足母兽易出现不孕、死胎和流产及运动失调症。

处方［1］　1%的硫酸铜溶液，10毫升，拌饲料中喂饲，每5天1次，共用4次。

处方［2］　硫酸铜0.05克，每日喂1～2次，连用7天。

处方［3］　微量元素添加剂，每日2～3克，喂饲。

处方［4］　毛皮动物专用营养素，喂饲，每日3～5克。

4. 铁缺乏症

铁缺乏症是由于毛皮动物饲料中铁含量不足引起的以贫血、

异嗜、精神萎靡、食欲不振、被毛蓬乱无光、皮肤干燥、生长缓慢、呕吐、腹胀腹泻为特征。

新生幼兽对铁的需要量较大，如母乳中铁含量少，易导致幼兽铁缺乏；饲料中铜、钴、锰、叶酸、维生素 B_{12} 及蛋白质缺乏可诱发本病；饲料中铜过高妨碍铁的吸收；成年毛皮兽如寄生虫感染来严重，患慢性传染病也易导致铁的缺乏。

处方［1］　硫酸亚铁，喂饲 5～6 毫升/（千克·周），每日 1 次，连用 3 天。

处方［2］　右旋糖酐铁，深部肌注，每日 1 次，每次 1 毫升（含铁元素 20 毫克）。

处方［3］　乳酸亚铁，喂饲，每次 1 片（0.15 克），每日 3 次。

处方［4］　山梨醇铁，深部肌注，每日 1 次，每次 1 毫升（含铁元素 50 毫克）。

处方［5］　枸橼酸铁铵，喂饲，每次 2 克，每日 3 次。

处方［6］　富马酸亚铁，喂饲，每次 0.2 克，每日 3 次，连用 14 天。

预防：母兽在妊娠和泌乳期，应注意补充铁和铜。防止饲料维生素 B_6、维生素 B_{12}、维生素 C 的缺乏。防止饲料中铜缺乏或过量。防止饲料中锌含量过高，胃肠炎、寄生虫感染时，某些传染病过程中要注意铁的适当补饲，防止饲料蛋白质偏低。

二、传染性疾病防控

传染病的预防主要在加强动物机体的免疫力，严格执行传染病防疫程序，减少或杜绝各种应激因素对动物的影响。

（一）犬瘟热

犬瘟热是一种急性、热性、高度接触性传染病。水貂、狐、貉均为易感动物。其典型临床症状为双相热型，即体温两次升高，达40℃以上，两次发热之间间隔几天无热期；结膜炎，从最初的羞明流泪到分泌黏液性和脓性眼眦；鼻镜干燥，初期流浆液性鼻汁，中后期鼻汁呈黏液性或脓性；阵发性咳嗽（狐更为突出）；腹泻，便中带血；脚垫发炎、肿胀、变硬；肛门肿胀外翻；皮肤上皮细胞发炎角化并出现皮屑；运动失调，抽搐，后躯麻痹（病后期）；病兽发出特殊的臭味。

非典型犬瘟热一般都是由于疫苗免疫保护率低而呈现的一种亚临床症状，也发生在抗病力较强的个体上，其临床症状不典型。如仅表现高热、眼和鼻的轻微变化。神经型犬瘟热多发生于未免疫接种兽群或首次暴发犬瘟热的兽群或发生在流行后期。

治疗原则：抑制病毒繁殖，中和病毒，控制继发感染，隔离病兽，快速诊断定性、切断传染源和传播途径。

处方［1］　犬瘟热单价高免血清10毫升，分3点皮下注射。隔3日后再注射1次。隔7天注射犬瘟热疫苗，剂量为6毫升，分两点注射。

处方［2］　干扰素1～2毫升，复方黄芪注射液2毫升，每日1次，连用3日，隔3日后注射犬瘟热疫苗，剂量为6毫升，分2点注射。

处方［3］　犬瘟热疫苗6毫升，分2点注射，隔3日注射干扰素1～2毫升，复方黄芪注射液2毫升，每日1次，连用3日。

处方［4］　干扰素1～2毫升，转移因子1～2毫升，每日1次，连用3日，隔3日后注射犬瘟热疫苗，每只6毫升，分2点注射。

处方［5］　免疫球蛋白3～5毫升，每日1次，连用3日，干扰素1～2毫升，每日1次，连用3日，隔3日后注射犬瘟热疫苗，每只6毫升，分2点注射。

处方［6］　犬瘟热单克隆抗体，肌内或皮下注射，每次5毫升，每日1次。

预防：

①定期注射犬瘟热疫苗，冬季在1月注射适宜，夏季仔狐断乳后15～21天注射疫苗，成年狐可于7月注射疫苗。

②貉和改良狐可适当增加免疫剂量，或进行二次免疫，间隔15天。

③从外地购买种兽进场时，一定要确认已注射疫苗后再引进。

④疫苗在保存和运输时，严禁解冻；疫苗出现颜色变化上清混浊时，禁止使用；疫苗要放在凉水中解冻；疫苗使用前，要充分摇匀；疫苗解冻后，要一次性用完；大群免疫时，事先做小群试验，确定疫苗安全后，再全群注射。

上述治疗要结合使用拜有利、氟苯尼考、狐、貂速好（复方穿心莲注射液）控制细菌继发感染。饲料中投服维生素C、复合维生素B、维生素E以增强抗病力和抗应激能力。场地用生石灰消毒，每天用过氧乙酸对场区喷雾消毒，及时隔离病兽。

（二）细小病毒性肠炎

该病是由肠炎细小病毒感染引起的，以高热剧烈腹泻、呕吐和血液中白细胞严重减少为特征。水貂比狐、貉更易感。粪便颜色从黄、白、绿、红变化到排肠黏膜。病狐严重脱水，迅速消瘦，最后死于自家中毒和心肌炎及合并感染。该病主要流行于夏、秋季。当年的仔狐易感。成年动物很少发病。

治疗原则：抑制病毒，中和病毒，控制心肌炎，控制继发感染，切断传播途径。

处方［1］　黄芪注射液2毫升，每日1次，连用3日，隔3日后注射肠炎疫苗每只4毫升，分2点注射。复方穿心莲注射液2毫升，每日1次，连用3日。

处方［2］　细小病毒肠炎疫苗灭活疫苗4毫升，分2点皮下注射，隔3日后使用干扰素1~2毫升，每日1次，连用3日，氟苯尼考2~3毫升，每日2次，连用3日。

处方［3］　病毒性肠炎疫苗4毫升，分2点皮下注射；拜有利每日1次，每次0.1毫升，连用3日。

处方［4］　病毒性肠炎疫苗4毫升，分2点皮下注射，饲料或饮水中加补液盐（ORS），复合维生素B 2毫升，肌内注射，每日1次，庆大霉素4万单位，肌注，每日2次，连用3日。

处方［5］　病毒唑1~2毫升，每日1次，连用3~5日；病毒性肠炎疫苗4毫升，分2点皮下注射，恩诺沙星注射液2毫升，每日1次，连用3日。

处方［6］　细小病毒单克隆抗体，肌内注射，每日1次，每次5毫升。

处方［7］　10%的葡萄糖50毫升，辅酶A 5万单位，ATP 0.5克，磷霉素1克，一次性静注。

处方［8］　诃子，黄连，木香，干草各15克，水100毫升，煎至50毫升，灌服，每只20毫升。

预防：遵循免疫程序定期注射细小病毒肠炎疫苗。夏、秋季饲料易酸败和腐败，严防动物采食此类饲料。饲料中添加益生素能显著降低肠道应激反应。每日对饮、食具的清洗消毒不容忽视。

（三）狐脑炎

该病是由犬腺病毒感染引起的，以抽搐、麻痹为特征的急性脑炎症状，主要发生于幼狐和育成期仔狐，多呈散发，没有明显的传染性，主要通过污染的饲料传播。犬感染该病毒引起传染性肝炎，犬和狐可交叉传染。狐脑炎发病急，病程短。

治疗原则：用疫苗中和病毒，镇静、降低脑内压，降低体温反应，防止呼吸衰竭。

处方 [1]　转移因子 1 ~ 2 毫升，每日 1 次，干扰素 1 ~ 2 毫升，每日 1 次，连用 3 日；氯丙嗪 2 ~ 5 毫克，每 6 小时 1 次，磺胺嘧啶钠 2 毫升，每日 2 次，连用 3 日。

处方 [2]　狐腺病毒脑炎疫苗 1 毫升，皮下注射，72 小时后，黄芪注射液 1 ~ 2 毫升，干扰素 1 ~ 2 毫升，每日 1 次，连用 3 日。利巴韦林 50 ~ 100 毫克，每日 1 次，连用3 日。

处方 [3]　干扰素 1 ~ 2 毫升，病毒唑 50 ~ 100 毫克，转移因子 1 ~ 2 毫升，每日各 1 次，连用 3 天后，隔 3 天注射脑炎疫苗。同时在发作期间使用安定或氯丙嗪注射。

预防：

①每年定期注射狐脑炎疫苗。

②养兽场饲养的犬应定期用犬传染性肝炎苗防疫。

（四）大肠杆菌病

大肠杆菌病是毛皮动物发生最多的一种以腹泻、痢疾为特征的一种消化系统传染病，也有侵肺型大肠杆菌的发生，它是致病性埃希氏大肠杆菌的总称。其血清型非常复杂，同一次发病的动物或不同时间感染发病的动物其血清型在感染的个体之间都差异很大，因此很难用疫苗控制，有的动物如猪、鸡等已确定大肠杆菌有主要流行的血清型，因此，用其制作疫苗有一定的保护率，毛皮动物还缺乏此方面研究，因此只能靠平时的预防和发病时的治疗。

处方 [1]　庆大霉素 2 万 ~ 4 万单位，每日 2 次，连用 3 天。

处方［2］　卡那霉素25万～50万单位，每日2次，连用3天。

处方［3］　拜有利，每次1毫升，每日1次，连用3天。

处方［4］　氟苯尼考，每次2毫升，每日2次，连用3天。

处方［5］　磺胺脒，每日2次，每次0.5～1.0克，连用3日；庆大霉素2万～4万单位，肌注，每日2次，连用3天。

处方［6］　狐、貂速好（复方穿心莲注射液），肌注，每次1～2毫升，每日1次，连用3天。

处方［7］　诺氟沙星，拌饲料中喂服，每日2次，每次0.1～0.2克。

处方［8］　磺胺脒0.5克，痢特灵0.1克，氟苯尼考2毫升，维生素B_1 50毫升，黄莲素2毫升，制成糊状一次投服。

处方［9］　益生素或TM制剂，按使用说明，治疗量是预防的2倍量，均匀拌饲料中，每日1次，连用5～7天。

处方［10］　溶菌酶疗法：鲜鸡蛋一个，加5倍的生理盐水混匀，再加0.5%的柠檬酸或草酸混合，然后用纱布过滤，4℃保存，每只10～15毫升灌服或拌饲料中饲喂。

预防：

①防止饲料腐败变质，酸败，霉变。

②饲料中长期添加益生素有助于降低肠道应激反应。

（五）沙门氏菌病

沙门氏菌病又称副伤寒，是由于沙门氏菌属引起的人兽共患病，毛皮动物沙门氏菌感染多由饲料污染引起，也常继发某些病毒性传染病过程中，以肠炎和败血症为临床特征，妊娠期感染沙门氏菌，可引起毛皮动物大批出现死胎和流产及败血症。沙门氏菌也和大肠杆菌一样，血清型极其复杂，因此，很难用疫苗进行有效免疫。

治疗原则；抗菌消炎，排出饲料污染因素。

处方［1］　氟苯尼考，30毫克/（千克·周），肌注，每日2次。

处方［2］　拜有利，每只0.5～1.0毫升，每日1次，肌注。

处方［3］　卡那霉素，每只25万～50万单位，肌注，每日2次。

处方［4］　痢特灵，2～6毫克/（千克·周），混饲料中饲喂。

处方［5］　复方新诺明，0.02～0.04克/（千克·周），拌饲料中喂服；庆大霉素2万～4万单位，肌注，每日2次，连用3日。

处方［6］　诺氟沙星（氟哌酸），每日100毫克，分2次喂饲。

处方［7］　微生态疗法：使用含有芽胞杆菌和乳酸杆菌的益生素加饲料中喂饲或空腹灌服。

预防：

①禽类、胎盘类、羔羊等饲料必须熟喂，而且细菌污染不能超过指标。

②母狐发生流产时，对流产胎儿及其污染的器具、地面应彻底消毒。

③保持兽场良好的环境卫生，及时清除粪便。

④提高动物免疫力，降低动物应激反应。

⑤兽场做好防鼠灭鼠工作。

（六）巴氏杆菌病

巴氏杆菌病是由多杀巴氏杆菌感染引起的毛皮动物急性、败血性传染病。本病发病急，死亡快，病程一般不超过 24 小时。外源性感染一般是饲喂了污染巴氏杆菌的禽、畜类饲料或养殖场附近畜禽有该病流行时而侵入；多为内源性感染，即上呼吸道常在菌在应激因素如长途运输、饲料突变、低温多雨、高温高湿、捕捉、疫苗注射，饲养环境恶劣（卫生不良、通风不畅、有害气体长期刺激）作用下造成机体免疫力下降时，则细菌异常大量增殖，变成有毒的巴氏杆菌，引起动物迅速感染而死亡。

治疗原则：排除可疑饲料，降低或消除应激反应，使用敏感抗生素控制感染。

处方［1］ 青霉素 20 万～40 万单位，肌注，每日 2 次，连用 3～5 日。

处方［2］ 复方新诺明 0.25～0.5 克，每日 2 次，首次量加倍；青霉素 20 万～40 万单位，每日 2 次。

处方［3］ 拜有利，0.5～1.0 毫升，肌注，每日 1 次，连用 3 日。

处方［4］ 维生素 C 50～100 毫克，复合维生素 B 0.5～1.0 克，拌饲料中全群投服，青霉素 20 万～40 万单位，肌注，每日 2 次，连用 3～6 日。

预防：

①兽场禁止饲养禽类。

②不明原因死亡的禽类不能饲喂毛皮动物。

③对于可预见的应激反应要事先使用抗应激药物预防，如维生素 C，复合维生素 B，维生素 E，葡萄糖，柠檬酸，寡聚糖等。

（七）阴道加德纳氏菌病

阴道加德纳氏菌病是引起狐、貉及水貂流产的一重要细菌性传染病之一，该菌感染后能引起阴道炎、子宫内膜炎、卵巢炎；公兽的包皮炎、睾丸和附睾炎、前列腺炎等，导致流产、空怀、妊娠中断；公兽的性机能减退、死精、精子畸形。

该病感染规律为，母兽、公兽均感染，老兽比青年兽感染率高，北极狐比貉和水貂感染率高，配种后群感染率明显上升。

预防本病的唯一有效途径是注射加德纳氏菌灭活疫苗。每年定期注射2次。如果夏季未注射该苗，冬季种兽注射疫苗前1个月最好用药物清除感染兽体内细菌，然后再注射疫苗效果较好，可选择的药物有：

处方 [1] 氟苯尼考，0.25克/次，1日2次，连用3日。

处方 [2] 氨苄青霉素，0.25克/次，1日2次，连用3日。

预防：

①定期注射疫苗。

②发生不明原因流产的应严格淘汰，不能继续做种用。

(八) 魏氏梭菌病

魏氏梭菌病又称产气荚膜杆菌，能引起毛皮动物的肠毒血症，以肠道重度出血和排血便为特征。其传染源与饲喂腐败变质的动物性饲料有直接关系。也有引起毛皮动物以肺出血为特征的综合症候群。其感染的血清荚膜型主要为A型。其发病急，死亡速度非常快。

治疗原则：迅速排除可疑饲料，发病后以群体投药防治为主，选择高敏感药治疗。

处方 [1] 青霉素40万~80万单位，肌注，每日2次。

处方 [2] 复方新诺明，0.25~0.5克，每日2次，拌饲料中喂服。

处方 [3] 拜有利，0.5~1.0毫升，每日1次，连用3~5天。

处方 [4] 甲硝唑，0.1~0.2克，每日2次，连用3~

5 日。

预防：

禁止饲喂库存过久、新鲜度明显差的动物性饲料。

(九) 假单胞菌病

假单胞菌病又称绿脓杆菌病或水貂出血性肺炎，能引起毛皮动物的出血性肺炎及狐人工输精感染引起的化脓性子宫内膜炎。出血性肺炎主要发生在 9 月毛皮动物换毛期，由于绿脓杆菌广泛存在于自然界、空气、尘埃、污水、土壤和动物的毛皮中都有该菌的存在，毛皮动物换毛期，毛随风四处飞扬，随时可污染饲料和饮水而发生感染；化脓性子宫内膜炎是由于人工输精器材消毒不严格和操作技术不熟练导致阴道和子宫黏膜操作所致。

治疗原则：选择高敏感药治疗，迅速切断传染源，场区进行严密消毒。

对出血性肺炎的治疗：

处方 [1]　庆大霉素，8 万～20 万单位，肌注，每日 1 次，连用 2 天。

处方 [2]　妥布霉素：每日 4 毫克/千克，分 2 次肌注。

处方 [3]　小诺霉素：肌注，每次 30～60 毫克，每日 2 次。

处方 [4]　多黏菌素 B，肌注，2～2.5 毫克/千克，每日 2 次给药。

处方 [5]　0.1% 的高锰酸钾溶液，子宫冲洗，催产素 0.5 单位，肌注。庆大霉素 8 万单位，肌注，每日 2 次；青霉素 40 万～80 万单位，肌注，每日 2 次。

处方 [6]　0.2% 的新洁尔灭溶液子宫冲洗，催产素 0.5 单位，肌注，妥布霉素：每 4 毫克/千克，分 2 次肌注，氨苄青霉素，肌注，每次 0.5 克，1 日 2 次。

预防：

①夏季要防止饮水的污染，每天对饮水盒、食具清洗消毒。

②于狐狸换毛期，认真做好环境消毒工作。

（十）葡萄球菌病

葡萄球菌病是由金黄色葡萄球菌感染引起的一种以组织、器官发生化脓性炎症或败血症、脓毒败血症为主要特征。如毛皮动物皮肤和爪的葡萄球菌感染，乳房炎，仔貂的脓疱症等。

治疗原则：局部和全身治疗结合，选择敏感药物是关键，首先对体表局部感染的动物，外科手术排脓后，用双氧水或0.1%高锰酸钾彻底冲洗患部，再涂以5%的碘酊或5%的结晶紫溶液，然后使用下列药物治疗。

处方［1］　青霉素20万~40万单位，每日2次，全身或局部注射，连用3~6天。

处方［2］　庆大霉素，每只注射2万~4万单位，每日2次，连用3天。

处方［3］　卡那霉素，每只注射20~50单位，每日2次，连用3天。

处方［4］　红霉素，每只0.1~0.2克，每日2次，口服，疗程为3~5天。

处方［5］　麦迪霉素，每只0.2~0.4克，每日2次，口服，疗程为3~5天。

（十一）枸橼酸菌病

该菌能引起狐的脑膜炎，由柯氏枸橼酸杆菌感染引起，临床主要以阵发性抽搐和肢体麻痹为特征，病狐死亡率可达100%，病理变化以大脑皮层和软脑膜出血为特点。

治疗原则：抗菌消炎，降低脑内压，镇静，群体药物预防，环境消毒。

处方［1］　磺胺嘧啶钠注射液，1 次 0.4 克，每日 2 次，氯丙嗪，每次 12.5 毫克，每日 1 次。

处方［2］　磺胺嘧啶钠，1 次 0.5 克，每日 2 次，拌饲料中全群投喂，连用 3 日。

处方［3］　庆大霉素，2 万单位，一次性肌注，每日 2 次，连用 3 日，硫酸镁注射液，肌注，每只 0.2 ~ 0.5 克，每日 1 次。

处方［4］　氟苯尼考，每次 0.25 克，1 日 2 次，连用 3 日或用其粉剂合群投药。

（十二）真菌病

真菌病是毛皮动物易感染的皮肤病之一，病变特征是面部、颈、躯干、腹部、四肢等不同部位的皮肤上形成圆形的癣斑。有高度的接触传染性，与动物的生存环境有直接关系，如兽场通风不良、密度过大，卫生条件差，高温高湿等，都是感染发生的条件。

治疗原则：改善动物生存环境，严格对环境消毒，提高机体免疫力，选择抗真菌药治疗。

处方［1］　灰黄霉素，0.1 ~ 0.2 克，1 日 2 次，连用 7 ~ 10 日。结合外用抗真菌药及复合 B 和转移因子。

处方［2］　克霉唑、制霉菌素、两性霉素 B、咪康唑、酮康唑、氟康唑、哌瑞松、达可宁等任选其一，外用，每日涂一次，连用 7 ~ 10 日。结合应用维生素 E、维生素 C、复合维生素 B。

（十三）支原体病

支原体病是由肺炎支原体感染引起的，以呼吸困难、干咳、呛咳为主要特征，显著的病理变化是肺出血，呈灰红色。肺水肿或气肿，体积膨大。水貂、狐、貉均易感染，多在夏秋季发生，与饲养环境恶劣有直接关系。支原体是介于细胞和病毒之间的一种微生物，对多种抗生素不敏感，因而临床治疗较困难。

治疗原则：改善动物生存环境，选择敏感药物治疗，加强环境消毒。

处方［1］　拜有利，1毫升/只，每日1次，连用5天。

处方［2］　泰妙霉素（枝原净），每日1次，每次10毫克/（千克·周）。

处方［3］　替米考星，2毫克/（千克·周），每48小时1次。

处方［4］　卡那毒素，25万～50万单位，一次注射，每日2次，连用5天。

处方［5］　阿奇霉素，10毫克/（千克·周），每日1次，连用3天。

处方［6］　红霉素，30毫克/（千克·周），每日2次，连用3天。

处方［7］　强力霉素（脱氧土霉素、多西环素）10毫克/（千克·周），每日1次，连用5天。

（十四）附红细胞体病

该病的病原为血虫体属附红细胞体，由外寄生虫螨、吸血昆虫、蚊、虻等经血液传播。感染后多呈隐性经过，当受到某些应激因素如长途运输、饲料突变、饲养环境恶劣、慢性腹泻、消瘦贫血、外寄生虫感染、重大传染病感染时等都是可能继发附红细胞体病，临床以高热、贫血、黄疸、呼吸困难、血便为方特征。多在夏秋季节发生。镜检可观察到附红细胞体呈环形或圆形，附红细胞表面或游离于血浆中。红细胞失去固有形态，其表面附着数量不等的附红细胞体，许多红细胞不整而呈轮状、星状及不规则的多边形等。游离在血浆中的附红细胞体呈不断变化的星状闪光小体，在血浆中不断地翻滚和摆动。

治疗原则：选择抗附红细胞体药治疗，辅助治疗以生血药为主。如维生素 C、葡萄糖、维生素 B_6、维生素 B_{12}、硫酸亚铁。

处方［1］　贝尼尔（三氮脒，血虫净），3 ~5 毫克/（千克·周），配成5% ~7% 的溶液，深部肌内注射，1 日 1 次，连用3 日。

处方［2］　盐酸苯脲咪唑，2 毫克/（千克·周），肌注，每日 1 次。

处方［3］　阿散酸，0.25 毫克/（千克·周），拌饲料中投服，每日 2 次。

处方［4］　土霉素，1 克/（千克·周），拌饲料中投服，每日 2 次。

处方［5］　强力霉素，25 ~ 50 毫克，每日 1 次，连用5 日。

处方［6］　复方新诺明，每千克饲料加 0.4 克，每日 2 次，连用3 ~5 日。

附录1　日常饲料配方表

（一）配种期

配种期公母狐由于性欲的影响食欲下降，体力消耗大，尤其公狐频繁交配，营养消耗更大。所以，此期应供给优质、全价、适口性强、易消化的饲料。适当提高新鲜动物性饲料的比例，使公狐有旺盛、持久的配种能力和良好的精液品质；母狐能够正常发情，适时配种。日粮配方示例：海杂鱼55%、肉10%、鸡蛋5%、奶粉1%、谷物8%、豆粉1%、白菜8%、水12%，另加食盐1.5克、酵母7克、骨粉4克、大蒜5克、鱼肝油2 000单位、维生素C 25毫克、维生素E 25毫克。对参加配种的公狐中午还应进行一次补饲，补给适量的肉、肝、蛋黄、乳、脑等优质饲料。

（二）妊娠期

银狐妊娠期必须供给优质新鲜的饲料，饲料种类应多样化，日粮配合示例：海杂鱼52%、肉7%、鸡蛋5%、奶粉3%、豆制粉2%、颗粒饲料9%、白菜10%、水12%，另加食盐2.5克、酵母8克、骨粉6克、鱼肝油1 500单位、维生素C 35毫克、维生素E 4毫克。妊娠母狐的食欲普遍增加，但初期不能马上增量，前期以保持中上等体况为宜。母狐临产前后一般食欲下降，日粮应减去总量的1/5，并将饲料调稀，此时饮水增多，应供足清洁饮水。

(三) 产仔、哺乳期

产仔哺乱期的日粮应维持妊娠期水平，饲料种类上应尽可能做到多样化，适当增加蛋、乳类和肝脏等容易消化的全价饲料。配方示例：海杂鱼 50%、肉 6%、鸡蛋 7%、奶粉 5%、豆制粉 2%、颗粒饲料 6%、白菜 10%、水 14%，另加食盐 2.5 克酵母 8 克、骨粉 6 克、鱼肝油 1 500单位、维生素 C 30 毫克。产仔一周左右母狐食欲迅速增加，应根据胎产仔数和仔狐日龄以及母狐食欲情况，每天按比例增加饲料量。仔狐一般在生后 20～28 天开始吃母狐叼入产箱内的饲料，所以，此期母狐饲料加工要细碎，并且易于消化吸收。4～5 周龄的仔狐，可以从产箱爬到笼里吃食，为避免抢食，可将饲料放在盆里进行补饲。此时，母狐仍会不停地往产箱里叼饲料，因此，应经常搞好产箱卫生，确保母仔健康安全。

(四) 幼狐期

断奶 2～3 周时，在一个笼里养 2～3 只幼狐，3 月龄时可单笼饲养。幼狐期应保证供给生长发育及毛绒生长所需要的足够营养物质，供给新鲜优质饲料。育成狐日粮配合示例如下：海杂鱼 52%，肉 5%，谷物 14.5%，豆制粉 2.4%，白菜 12.6% 水 13.5%。另加食盐 1.5 克，骨粉 4 克，酵母粉 7 克，维生素 A 700 单位，维生素 D 120 单位。

附表1　银狐各生物学时期典型鲜饲料配方　(%)

饲料	生物学时期			
	繁殖期	哺乳期	育成期	冬毛期
鱼下杂	45	30	15	5
全鱼	12	20	18	18

（续表）

饲料	生物学时期			
	繁殖期	哺乳期	育成期	冬毛期
酸贮鱼	—	—	4	6
屠宰副产品	18	18	10	8
血	—	—	3	3
水貂胴体	—	—	5	8
蛋白浓缩料	5	6	8	10
脂肪	0~1	0~3	0~3	0~3
膨化谷物类	8	10	13	18
水	11~12	13~16	21~24	21~24
维生素（克/吨）	340	340	230	230

附表2　银狐各生物学时期饲料配方　（单位:%）

饲料	生物学时期			
	繁殖期	哺乳期	育成期	冬毛期
鱼粉	9	15	14	7
膨化玉米	19	11	20	29
豆粕	13	13	17	10
麦麸	4	4	4	4
浓缩料	55	57	45	50

注：浓缩料主要由畜禽加工副产品，玉米加工副产品、氨基酸、矿物质、维生素和脂肪等组成

附录2　常见疾病及多发时期

常见疾病	多发时期	典型临床特征
犬瘟热	春季	硬足掌症、皮炎、腥臭味、结膜炎等
阿留申病	秋冬季	消瘦、嗜水、可视黏膜苍白
病毒性肠炎	6～8月，幼貂易感	管状粪便
伪狂犬病	春秋多见	皮肤严重瘙痒
大肠杆菌病	分窝幼狐易感	排除混有血液带气泡粪便
沙门氏菌病	分窝幼貂易感	弓背、流泪、眼球塌陷、化脓性结膜炎
链球菌病	分窝幼狐易感	无典型临床症状
魏氏梭菌病	分窝幼狐易感	解剖症状明显
绿脓杆菌	多发生于秋季	鼻孔周围有血污或咯血

附录3　银狐常用药物

药物名称	用法	用量	单位	主要作用
1　促消化类药物				
乳酶生	口服	2～3	克	抑制腐败菌的繁殖。用于消化不良、胃肠卡他
胃蛋白酶	口服	1～1.5	克	助消化，用于消化不良和食欲减退
胃舒平	口服	1～2	克	用于消化不良和食欲减退
稀盐酸	口服	2～4	毫升	助消化，多用于仔貂消化不良和胃肠炎
2　预防结石类药物				
磷酸	口服	0.3～0.6	毫升	增加尿的酸性，预防结石
氯化铵	口服	0.1～0.3	毫升	
3　强心抗过敏类药物				
樟脑磺酸钠注射液	肌注	0.5～1	毫升	强心剂，增强心脏功能。用于心脏衰弱
尼可刹米	肌注	0.5～1	毫升	同上
肾上腺素	肌注	0.2～0.5	毫升	适用于休克、心力衰竭
地塞米松	肌注	1～2	毫克	用于各种炎症、过敏、发热、结膜炎等
4　解热镇痛类药物				
安痛定	肌注	1～2.0	毫升	解痛镇热，用于感冒体温上升
安乃近	肌注	1～2	毫升	解痛镇热，用于感冒体温上升
爱茂尔	肌注	1～2	毫升	解热镇痛止吐

（续表）

药物名称	用法	用量	单位	主要作用
5 麻醉类药物				
乙醚	吸入	闭眼伸舌	毫升	麻醉剂，用于手术麻醉
0.25% 普鲁卡因	皮下注射	同上	毫升	麻醉剂，用于局部麻醉
0.5% 戊巴比妥钠	肌注	同上	毫升	麻醉剂，用于全身麻醉
6 营养代谢类药物				
维生素C	肌注、口服	20～50	毫克	抗应激，各种疾病的辅助治疗，治疗红爪病
维生素E	肌注、口服	10～15	毫克	维持生育正常，预防黄脂肪病
复合维生素B	肌注、口服	10～20	毫克	维持神经系统正常机能，有助于糖代谢。用于消化不良及神经症状
维生素B_2	肌注、口服	15～30	毫克	用于溢脂性皮炎、脚皮炎
维生素B_1	肌注、口服	10～20	毫克	维持神经系统正常机能，用于消化不良及神经症状
鱼肝油	口服	2～3千	国际单位	预防、治疗夜盲症、佝偻症
7 产科类药物				
催产素	肌注	1～1.5	毫升	用于引产、子宫收缩无力
黄体酮	肌注	1～1.5	毫升	用于保胎、治疗流产
前列腺素	肌注	0.1～0.2	毫升	用于催产、引产
垂体后叶素	肌注	1～2	毫升	用于催产、化脓性子宫炎
8 抗菌消炎类药物				
复方新诺明	口服	0.5～1.0	克	磺胺类抗菌药，治疗呼吸道、泌尿道感染和伤寒、细胞性痢疾等
磺胺结晶粉	外敷	覆盖伤口	克	磺胺类抗菌药
烟酸诺氟沙星	口服	20～50	毫克/千克体重	喹诺酮类抗菌药，对革兰氏阴性杆菌的抗菌活力高
硫酸阿米卡星	口服	10～20	毫克/千克体重	氨基糖苷类抗菌药，主要作用于革兰氏阴性菌

（续表）

药物名称	用法	用量	单位	主要作用
氟苯尼考	口服	20～40	毫克/千克体重	氯霉素类抗生素
盐酸恩诺沙星	口服	20～40	毫克/千克体重	喹诺酮类广谱抗菌素，对革兰氏阴性菌、阳性菌均有效
盐酸吗啉胍	口服	100	毫克	适用于治疗流感、疱疹病毒
利巴韦林	口服	100～150	毫克	适用于病毒性感冒、病毒性传染病的辅助治疗
灰黄霉素	口服	0.2～0.4	毫克	适用于治疗皮肤真菌感染
青霉素钠（钾）	肌注	20～40	万单位	广谱抗菌药，主要对革兰氏阳性菌有强大的抑制作用
链霉素	肌注	20～40	万单位	广谱抗菌药，主要作用于革兰氏阴性菌
硫酸庆大霉素	肌注	4～8	万单位	广谱抗菌药，对多种革兰阴性菌及阳性菌都具有抑菌和杀菌作用
氯霉素	肌注	200	毫克	广谱抗菌药，用于结膜炎、脑膜炎、肠道菌感染等
土霉素	口服	0.5～1	克	广谱抗菌素，对革兰氏阴性菌和革兰氏阳性菌均有效
头孢拉定	混饲	0.02～0.03	克/千克体重	广谱抗菌素，对金黄色葡萄球菌和肺炎球菌均有效
9 驱虫药物				
左旋咪唑	口服	50～100	毫克/千克体重	主要用于驱蛔虫和钩虫
阿苯达唑	口服	50	同上	可用于驱蛔虫、蛲虫、绦虫、鞭虫、钩虫、粪圆线虫等
伊维菌素	注射	0.5	同上	对线虫和节肢动物有良好的驱杀作用
10 消毒类药物				
氢氧化钠	喷洒	3%～5%氢氧化钠溶液，地面、粪便、笼具消毒		
漂白粉	喷洒	10%～20%溶液，对水、粪便、房舍消毒		
高锰酸钾	喷洒	0.5%～1%溶液，对地面食具、饲料、房舍、创伤消毒		

参考文献

[1] 朴厚坤，张南奎．毛皮动物的饲养与管理［M］．北京：中国农业出版社，1988.

[2] 朴厚坤，王树志，丁群山，等．实用养狐技术［M］．北京：中国农业出版社，2008.

[3] 张进红，马永兴，等．银黑狐的特点和利用［J］．黑龙江畜牧兽医，2011（9）：134－135.

[4] 李忠宽，邢秀梅，等．特种经济动物养殖大全［M］．北京：中国农业出版社，2001.

[5] 郭永佳，佟煜人．养狐实用新技术［M］．北京：金盾出版社，2000.

[6] 朴厚坤．实用养狐技术［M］．北京：中国农业出版社，2004.

[7] 覃能斌，孙海霞，刘春龙，等．实用养狐技术大全［M］．北京：中国农业出版社，2004.